PETITE AGRICULTURE

DES ÉCOLES

Simples Notions

SUR LES PRINCIPALES OPÉRATIONS AGRICOLES,
LA CULTURE DES CHAMPS ET DES JARDINS,

Par M. le docteur SAUCEROTTE

OFFICIER DE L'INSTRUCTION PUBLIQUE.

PARIS.

IMPRIMERIE ET LIBRAIRIE CLASSIQUES

DE JULES DELALAIN

RUE DES ÉCOLES, VIS-A-VIS DE LA SORBONNE.

PETIT COURS

DE SCIENCES USUELLES.

AGRICULTURE.

Petit Cours de Sciences usuelles, à l'usage des écoles primaires et des pensionnats, par *M. le docteur Saucerotte*, officier de l'instruction publique.

Petite Physique des Écoles, simples notions sur les applications les plus utiles de cette science aux usages de la vie; troisième édition; in-18, avec gravures dans le texte.

Petite Histoire Naturelle des Écoles, simples notions sur les minéraux, les plantes et les animaux qu'il est le plus utile de connaître; quatrième édition; in-18, avec gravures dans le texte.

Petite Agriculture des Écoles, simples notions sur les principales opérations agricoles et la culture des champs et des jardins; in-18.

Petite Hygiène des Écoles, simples notions sur les soins que réclame la conservation de la santé; quatrième édition; in-18.

PETITE

AGRICULTURE

DES ÉCOLES

Simples Notions

SUR LES PRINCIPALES OPÉRATIONS AGRICOLES,
LA CULTURE DES CHAMPS ET DES JARDINS,

Par M. le docteur SAUCEROTTE

OFFICIER DE L'INSTRUCTION PUBLIQUE.

PARIS.

IMPRIMERIE ET LIBRAIRIE CLASSIQUES

DE JULES DELALAIN

RUE DES ÉCOLES, VIS-A-VIS DE LA SORBONNE.

M DCCC LXI.

Le programme de l'enseignement primaire comprend aujourd'hui des notions
élémentaires sur l'agriculture [1]. Le gou-
vernement, secondant en cela les vues
des comices et des sociétés vouées aux
progrès de cet art, celles des économistes
les plus distingués, a compris que, dans
un pays essentiellement agricole comme
la France, il n'existait aucune branche
des connaissances humaines qui fût d'un
intérêt aussi général, et que de tous les
moyens de perfectionner l'art de la cul-

1. Titre II, art. 23, § 11, de la loi de 1850.

ture, source première de la richesse na-
tionale, il n'en était pas de plus efficace
que la diffusion par l'enseignement primaire des notions qui servent de base
aux travaux des champs. Plusieurs me-
sures importantes sont venues témoigner
de la volonté bien arrêtée de l'administration de faire entrer ces vues dans la
pratique.

L'instituteur des campagnes ne peut
donc rester désormais étranger à l'art
que doivent pratiquer un jour ceux qui
l'écoutent. Appelé à guider leurs premiers pas dans cette voie, il sera,
comme on l'a dit, le lien entre les sa-
vants et les agriculteurs, entre la théorie
et la pratique. — Cette tâche lui sera
rendue facile (c'est du moins notre es-
poir) par le plan que nous avons
adopté dans la composition de ce petit
ouvrage, et par la clarté que nous nous
sommes efforcé d'y conserver au style.
Si nous n'avons pas été arrêté dans
cette entreprise par les publications qui

ont déjà paru sur le même sujet, c'est
que nous avons pensé que ce concours
de travaux et d'efforts, où chacun est
animé du désir de faire mieux que ses
devanciers, devait, en dernière analyse,
tourner au profit des études : et qu'à
défaut d'autorité spéciale dans la matière, une longue habitude de l'enseignement parlé et écrit, et la fréquenta-
tion des écoles, comme ancien membre
ou délégué des comités d'instruction
primaire, nous mettait à même d'inter-
préter dans la langue qu'il convient le
mieux de parler aux enfants, les leçons
des grands maîtres.

J'insisterai, en terminant, sur la nécessité de conduire les élèves dans les
champs ; de leur faire voir et toucher
les diverses sortes de terres ; de leur
montrer les différentes parties dont se
composent les plantes ; de leur expli-
quer le mécanisme des instruments aratoires, et de les faire même fonctionner
sous leurs yeux ; enfin de leur faire visi-

ter, là où la chose est possible, une ferme modèle. L'instituteur qui aurait à sa disposition un terrain où il pourrait exercer ses élèves serait blâmable de ne pas leur ouvrir cette source féconde d'instruction [1]. C'est un moyen de leur inspirer un vif attrait pour les matières qu'on leur enseigne. Rien ne plaît autant aux enfants que l'action ; aucun enseignement ne leur profite mieux que celui qu'ils acquièrent par les sens. C'est, d'ailleurs, au point de vue de l'hygiène, une diversion extrêmement favorable au développement de leurs forces naissantes. Ils puiseront dans ces exercices une vigueur de constitution que les travaux sédentaires de l'école ne peuvent leur donner, et qui leur sera si nécessaire dans la profession laborieuse du cultivateur.

1. C'est ce qui s'est déjà fait sur quelques points de la France aux frais de la liste civile.

PETITE

AGRICULTURE

DES ÉCOLES.

INTRODUCTION.

But et importance de l'agriculture. — Dignité et avantages de la profession d'agriculteur. — Divisions de ce livre.

L'agriculture a pour but de faire produire à la terre les plantes utiles à l'homme.

C'est l'art le plus nécessaire, non-seulement à la prospérité, mais à l'existence même des sociétés, car les productions naturelles de la terre n'auraient pas suffi à nourrir le genre humain. Aussi, l'origine de cet art remonte-t-elle au berceau même des peuples, et l'on a pu dire avec raison qu'une nation riche de son sol ne peut jamais devenir pauvre.

Puisqu'il n'est pas d'art plus utile aux hommes que l'agriculture, on peut en conclure qu'il n'est pas de profession plus digne de considération que celle d'agriculteur. On peut ajouter qu'il n'en est pas où l'existence soit plus facile. Le cultivateur est plus indépendant que l'ouvrier des villes, car il ne dépend pas de la volonté d'un patron ; plus tranquille sur l'avenir, car il n'a pas à redouter les chômages, et n'est pas exposé à manquer du nécessaire. Il n'est pas exempt de grandes fatigues, sans doute, mais ces fatigues contractées dans le travail en plein air ne tournent pas au détriment de sa santé, comme le travail souvent insalubre de l'atelier. Ses occupations mêmes l'attachent à ce sol ferti-

1.

lisé par ses sueurs, à cette contrée où ont vécu ses pères, à ces belles campagnes où l'on respire un air si pur, où tout est pour lui un objet d'intérêt et d'observations utiles.

Mais en agriculture, comme en toute autre chose, il faut pouvoir se rendre compte de ce que l'on fait; et ce serait concevoir une bien fausse idée de ce bel art, que de croire qu'il consiste uniquement en un certain nombre de pratiques irréfléchies, fruit d'une grossière routine, et transmises de père en fils sans aucun perfectionnement. Il fut un temps, nous dit-on, où la France, ce beau pays aujourd'hui si fertile, n'était couverte que de forêts, de marais et de landes incultes, et où ses malheureux habitants n'avaient pour toute nourriture que des glands de chêne, des racines, ou la chair des bêtes sauvages. Des étrangers vinrent

heureusement s'établir dans cette contrée, où ils introduisirent la culture des
céréales, de la vigne, etc. Si les sauvages ancêtres de la nation française
avaient repoussé ces étrangers sous pré-
texte qu'ils voulaient continuer à vivre
comme avaient vécu leurs pères, nous
ne serions peut-être à l'heure qu'il est
que des sauvages comme eux, igno-
rants et dénués de tout. Mais si, depuis
ces temps reculés, l'agriculture n'a cessé
de faire des progrès, c'est qu'il s'est
trouvé des hommes assez intelligents
pour ne pas s'en tenir invariablement à
ce qu'on avait fait avant eux.

Imitons-les, et sachons profiter de
leurs travaux, au besoin même y ajouter quelque chose, si nous ne voulons
être dépassés par ceux qui ont suivi les
progrès de leur art. L'agriculture, entre
les mains d'un ignorant, n'est qu'un mé-

tier pénible et peu lucratif; pour le cultivateur instruit et expérimenté, c'est le
premier des arts, et ce n'est pas le moins
avantageux.

Quant à nous, nous aurons atteint
notre but si nous réussissons à rendre
à nos jeunes lecteurs les travaux agricoles plus faciles, plus attrayants et
plus fructueux.

Nous avons divisé cet ouvrage en trois
parties :

La première concerne la *ferme* et tout
ce qui doit s'y trouver.

La seconde comprend l'étude du *sol*
et les *opérations agricoles* propres à le
fertiliser.

La troisième a pour objet des *principales espèces de plantes* cultivées dans
les champs et dans les jardins.

PREMIÈRE PARTIE.

LA FERME.

CHAPITRE Ier.

La ferme. — Son emplacement. — Ses diverses parties. — Le logement du fermier.

1. Nous nous proposons de traiter, dans cette première partie, de la *ferme* et de tout ce qui doit s'y trouver.

Le mot *ferme* désigne l'ensemble des terres qui composent une exploitation agricole, ou les bâtiments nécessaires à cette exploitation. — C'est dans ce dernier sens que nous allons d'abord en parler[1].

1. Quoique la demeure de l'agriculteur ne soit pas toujours à proprement parler une *ferme*, nous avons dû prendre celle-ci comme terme de comparaison, ou comme un établissement modèle auquel toute habitation rurale doit plus ou moins ressembler, selon son importance.

2. Emplacement de la ferme. — Il est avantageux que la ferme soit située au milieu des terres qui en dépendent, et que celles-ci soient, comme on dit, d'un seul tenant : la surveillance et le travail étant par là plus faciles. — Il faut qu'on puisse y arriver par des routes et des chemins bien entretenus, en communication avec les marchés voisins. — Elle doit être pourvue d'eau de bonne qualité, assez abondante pour les besoins du ménage, des bestiaux et du potager.

3. Diverses parties de la ferme. — Les diverses parties de la ferme sont : un corps de logis pour ses habitants, la grange, le hangar et les greniers, l'écurie et l'étable, la basse-cour et la bergerie, un jardin potager.

4. Le logement du fermier, de sa famille et de ses serviteurs doit être à l'abri de l'humidité, et assez spacieux pour que la santé des habitants ne souffre pas de son exiguïté. — Il ne faut pas qu'il se trouve à proximité des eaux stagnantes ou des fumiers en décomposition [1].

5. La grange, le hangar, les greniers, doivent être suffisants pour abriter les récoltes, les instruments et les machines aratoires en usage aujourd'hui. — Il faut que les charrois puissent entrer et sortir sans peine de la grange, que les batteurs puissent y travailler à l'aise, et les machines y fonctionner facilement.

6. L'écurie, destinée aux chevaux, et l'étable, réservée aux bêtes à cornes, seront assez spacieuses pour que l'air ne puisse s'y corrompre. — Les fenêtres nécessaires à son renouvellement seront placées en regard l'une de l'autre, et assez élevées pour que le courant d'air n'atteigne pas les bêtes. — Le sol doit être pavé et offrir une pente suffisante pour l'écoulement des urines au dehors. — Le

---

1. Voyez, pour plus de détails sur tout ce qui concerne la salubrité des habitations, la *Petite Hygiène des Écoles.*

fumier sera enlevé le plus souvent possible.

7. Dans la basse-cour, où se trouvent les volatiles de la ferme, ainsi que les toits à porcs et les loges à lapins, une grande propreté est de rigueur. — Des compartiments doivent séparer ceux de ces animaux qui ne vivent pas en bonne intelligence entre eux. — Des précautions seront prises contre les dégâts qu'ils pourraient occasionner dans la culture, et contre les attaques auxquelles ils sont exposés de la part de certains animaux carnassiers (fouine, belette, renard, loup, etc.).

8. La bergerie, où l'on renferme les bêtes à laine, doit être exempte d'humidité, bien ventilée, et offrir un espace suffisant pour chaque tête de bétail. — Il faut y séparer les brebis mères des moutons destinés à l'engraissement.

9. Aux constructions précédentes une ferme doit joindre un jardin potager avec verger, à proximité du corps de logis, et

destiné à fournir aux habitants de la ferme les légumes ou les fruits qui lui sont nécessaires, ou qui même peuvent être vendus avantageusement au marché voisin. — L'étendue du jardin doit être en rapport avec l'importance de l'exploitation : il ne faut pas que les soins qu'on lui donne fassent négliger la culture des champs.

Questionnaire.

1. Qu'est-ce que désigne le mot ferme ?

2. Qu'y a-t-il à observer relativement à son emplacement ?

3. Quelles sont les différentes parties de la ferme ?

4. Quelles précautions y a-t-il à prendre relativement au logement du fermier ?

5. Qu'y a-t-il à observer quant à la grange, au hangar, aux greniers ?

6. — quant à l'écurie et à l'étable ?

7. Quels soins y a-t-il à prendre de la basse-cour ?

8. — des bergeries ?

9. Que doit-on encore trouver dans la ferme ?

CHAPITRE II.

Les habitants de la ferme. — Le maître et les ser-viteurs. — Leurs devoirs respectifs; qualités dont ils doivent faire preuve.

1. Les habitants de la ferme se composent du fermier, de sa famille et, autant que l'importance de l'exploitation l'exige, de domestiques ou d'aides en nombre suffisant pour que le travail se fasse bien, sans excéder les forces des personnes qu'on y emploie.

2. Aucune profession n'exige une activité plus soutenue que celle d'agriculteur. Il n'y a donc pas d'avantages importants à attendre d'une exploitation rurale où chacun n'apporterait pas, dans l'accomplissement de la tâche qui lui est confiée, tout le zèle dont il est capable. — Les devoirs qui découlent de cette tâche varient selon la position de chacun.

3. Le maître devra à tous l'exemple de la probité, de l'ordre et de l'activité. — Suffisamment instruit dans les principes comme dans la pratique de son art pour tout diriger par lui-même, il sera le premier levé dans la ferme et le dernier couché. — Juste et humain envers ses serviteurs, il saura reconnaître leurs services, et ne cherchera pas à faire sur leur nourriture, sur leur salaire, sur le travail qu'ils peuvent faire sans excéder leurs forces, des économies mal entendues, et qui auraient pour résultat d'éloigner les sujets laborieux et fidèles.

4. De leur côté, les serviteurs actifs, rangés, obéissants envers les maîtres, doux et patients avec les animaux, mettront leur amour-propre à remplir leurs engagements, et à acquérir une réputation de zèle et de probité qui les relèvera aux yeux de tous dans la modeste condition où la Providence les a fait naître.

5. Mais il ne suffit pas que maîtres et

serviteurs apportent dans les travaux qui leur sont dévolus toute l'activité dont ils sont capables; il faut encore, pour le succès de l'entreprise, que ces travaux soient bien dirigés, et que l'agriculteur, propriétaire, fermier ou régisseur, sache faire l'emploi le plus profitable des ressources dont il dispose en ouvriers, en animaux, en matériel. — Il faut qu'il fasse une distribution bien entendue du travail et du temps pour toutes les branches de son exploitation, qu'il organise et modifie sa culture selon les circonstances, et qu'il ait la sagesse de se restreindre à ce qu'il peut bien soigner.

6. Pour arriver là et ne pas marcher au hasard, au risque de se ruiner, le cultivateur doit pouvoir se rendre un compte exact et détaillé des dépenses et des recettes de son exploitation. Une ferme peut être considérée en effet, comme une fabrique de denrées, qui ne peut, pas plus qu'une fabrique quelconque de produits industriels, se passer de comptabilité.

7. Les éléments les plus indispensables d'une comptabilité agricole sont : 1° un inventaire exact et renouvelé annuellement de tous les objets faisant partie de l'exploitation, avec leur estimation ; 2° un livre de recettes et de dépenses pour toutes les opérations journalières ; 3° un autre livre où le montant des unes et des autres soit groupé ou réuni sur une même page, au bout de chaque semaine ou de chaque mois.

Questionnaire.

1. Quels sont les habitants de la ferme ?

2. Quelles dispositions doivent-ils apporter dans la tâche qui leur est confiée ?

3. Quels sont les devoirs du maître ?

4. Quels sont ceux des serviteurs ?

5. Que faut-il encore pour le succès d'une exploitation agricole ?

6. Qu'y a-t-il à faire pour arriver là ?

7. Quels sont les éléments indispensables d'une comptabilité agricole ?

CHAPITRE III.

Les instruments aratoires de la ferme. — Instruments servant dans la culture à bras. — Instruments et machines employés dans les travaux exécutés à l'aide d'attelages.

1. On appelle *instruments aratoires* les outils et les machines destinés à la culture des terres. Leur construction est très-variée et leurs usages sont très-divers. Il en est qu'on emploie dans la culture à bras, d'autres dans les travaux exécutés à l'aide d'attelages.

2. Les instruments généralement usités dans la culture à bras sont destinés, les uns à arracher les pierres, à creuser, à retourner ou à émietter la terre : tels sont les *pioches*, les *pics*, les *houes*, les *bêches*, les *pelles*, la *binette*, les *râteaux;* les autres à couper les mauvaises herbes ou à planter, tels que le *sarcloir*, le *plantoir*. —

Les *faux*, les *faucilles*, les *fourches*, les *fléaux*, sont employés dans les récoltes. — Ces outils sont trop connus et d'une construction trop simple pour exiger une description particulière.

3. Les instruments employés dans les travaux exécutés à l'aide d'attelages servent la plupart aux labours ou aux semailles. Les plus usités sont : la *charrue*, le *buttoir*, la *herse*, le *rouleau*, l'*extirpateur*, le *scarificateur*, la *houe à cheval*, et quelques machines plus compliquées. Il nous faut entrer ici dans quelques détails.

4. La *charrue*, le plus indispensable des instruments de labour, a pour but de couper la terre et de la soulever en la retournant, de manière à ce que la partie inférieure du sol soit ramenée à la surface. — Toute charrue, quelle que soit sa forme, est composée du coutre, du soc, du versoir, du sep, de l'âge et des mancherons.

5. Le *coutre* est une longue et forte lame

d'acier ou de fer en forme de couteau, attachée à l'âge en avant du soc, et destinée à couper la tranche de terre qui doit être retournée par le versoir. — Le *soc* est une pièce plate, triangulaire, en fonte, en fer ou en acier, et qui coupe horizontalement la tranche de terre coupée verticalement par le coutre. — Le *versoir* est une bande de fer, de fonte ou de bois, recourbée sur elle-même ou en forme de spirale allongée, et qui a pour objet de soulever et de retourner la terre détachée par le coutre et le sep. — Le *sep* ou *talon* est la pièce à laquelle se fixent les autres parties de la charrue et qui glisse au fond du sillon ; il est en fonte, ou en bois garni de bandes de fer pour résister au frottement. — L'*âge* ou la *flèche* est une pièce de bois à laquelle s'attache, en avant, l'attelage. En arrière, sont les *mancherons* dont se sert le laboureur pour diriger sa charrue.

6. Les charrues sont avec ou sans avant-train. Ces dernières, supérieures aux autres,

parce que le tirage est plus direct, s'appellent *araires*. La charrue *Dombasle*, ainsi nommée du nom de son inventeur, est l'une des plus estimées (*fig*. 1).

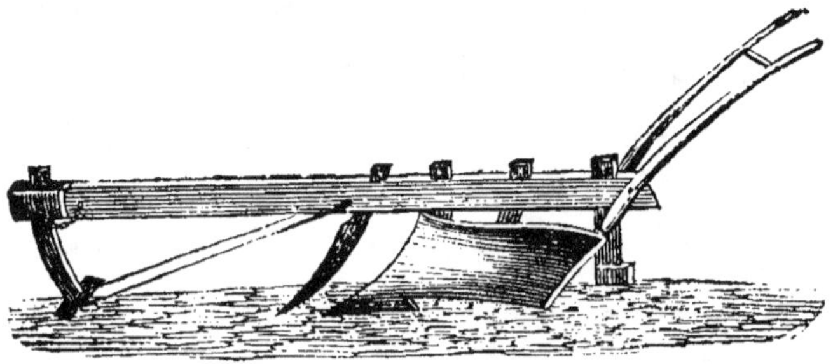

Fig. 1. — Charrue Dombasle.

La meilleure charrue est celle qui trace les sillons les plus nets, et qui, à profondeur égale, exige le moins d'efforts de traction.

La *charrue-taupe* ou *fouilleuse* est une charrue sans versoir, qu'on emploie pour labourer le sous-sol sans le ramener à la surface.

7. Le *buttoir* (*fig*. 2) est une charrue à double versoir, qui rejette la terre à droite et à gauche, et qu'on emploie dans la culture des plantes qui ont besoin d'être *buttées*, c'est-à-dire entourées de terre jusqu'à une certaine hauteur , pour conserver plus de fraîcheur et mieux résister aux vents : tels sont le maïs, la pomme de terre, etc. — Le buttage peut se faire également avec la houe à la main. — Le buttoir sert aussi à ouvrir des rigoles destinées à l'écoulement des eaux.

Fig. 2. — Buttoir.

8. La *herse* (*fig.* 3) est composée d'un châssis en bois, de forme carrée, triangulaire ou en losange , et garni de dents en fer ou en bois qui tracent à la surface du sol des raies ou sillons rapprochés et superficiels. — On se sert de cet instrument pour ameublir la terre après le labour, la mélanger avec les amendements ou les engrais; pour recouvrir les semences après les semailles ou pour détruire les mauvaises herbes. — Elle exécute dans la culture ce que fait le râteau dans le jardin.

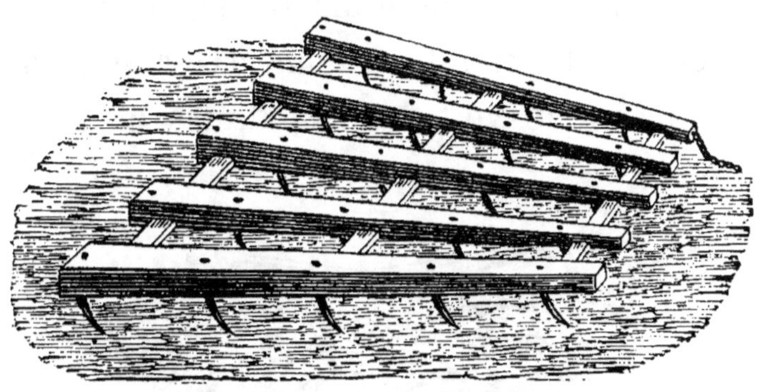

Fig. 3. — Herse.

Le *rayonneur* est une sorte de herse munie de dents recourbées, qui trace des rayons ou raies régulièrement distantes, pour les plantes semées en lignes. — La *houe à cheval* est aussi une espèce de herse très-légère, à dents tranchantes, et qu'on emploie dans la culture des plantes sarclées pour couper les mauvaises herbes qui lèvent entre leurs lignes.

9. Le *rouleau* consiste ordinairement en un cylindre en bois dur, en fonte ou en pierre, tournant autour d'un axe ou d'une tige, aux deux extrémités de laquelle s'attache un brancard destiné à transmettre la traction. — Quelquefois il est formé de cercles de fer montés sur un axe commun, comme on le voit dans la figure ci-jointe (*fig.* 4).

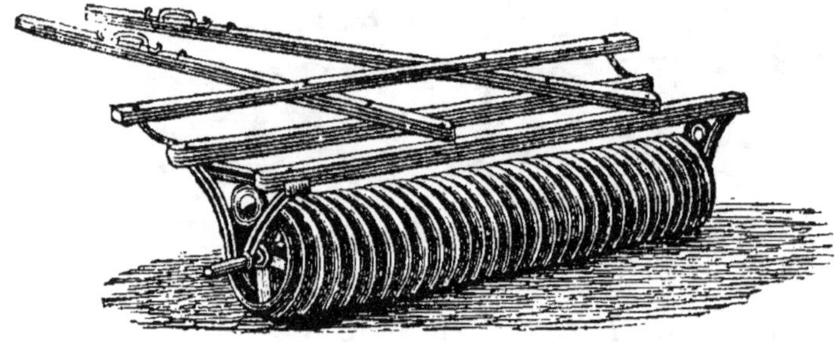

Fig. 4. — Rouleau.

On s'en sert pour écraser les mottes de terre que n'a pas divisées la herse, pour affermir par le tassement les sols légers, et enfoncer les semences ou les racines soulevées par les gelées.

10. L'*extirpateur* (*fig.* 5) est un châssis en bois assez semblable à la herse, et qui est armé de plusieurs socs sans versoir. Il remue superficiellement la terre sans la retourner, et sert à ameublir le sol, à le débarrasser des mauvaises herbes, à enfouir les semences, etc.

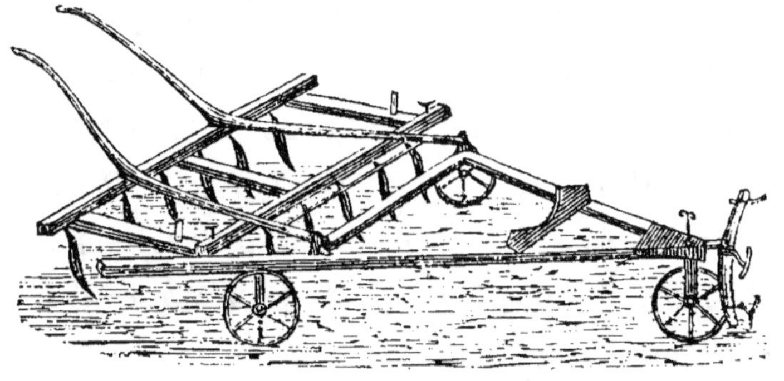

Fig. 5. — Extirpateur.

Le *scarificateur* en diffère en ce qu'en place de socs le châssis est garni de coutres, qui agissent plus-profondément. Il sert aux mêmes usages et s'emploie de préférence dans les terres compactes, durcies par la sécheresse.

11. Outre les instruments que nous venons de décrire, il est encore des machines plus compliquées, d'un usage moins général parce qu'elles sont coûteuses, mais qui ont le grand avantage de faire plus rapidement et plus complétement des ouvrages qui, avec les outils ordinaires, réclament un très-grand nombre de bras. Les principales de ces machines, que l'on perfectionne tous les jours, et dont nos jeunes lecteurs apprécieront plus tard l'utilité, sont : le *semoir*, le *hache-paille*, le *coupe-racine*, les *machines à battre*, à *moissonner*, à *faucher*, dont le nom indique suffisamment l'usage.

12. Enfin, on doit compter encore dans le matériel de la ferme les instruments destinés au transport de la terre, des engrais, des récoltes, etc., à savoir : les chariots, charrettes, tombereaux, brouettes, etc.

13. Il faut, dans un but d'ordre et d'économie facile à comprendre, apporter beaucoup de soin au bon entretien des instruments de la ferme, et les abriter convenablement sous le hangar.

Questionnaire.

1. Qu'appelle-t-on instruments aratoires?

2. A quoi servent les instruments employés dans la culture à bras ? — Nommez ces instruments.

3. Nommez les instruments qu'on emploie dans la culture exécutée à l'aide d'attelages.

4. A quoi sert la charrue ? — De quoi se compose-t-elle?

5. Qu'est-ce que le coutre ? — le soc ? — le versoir ? — le sep ? — l'àge ?—les mancherons?

6. Qu'appelle-t-on araires? — Quelle est la meilleure charrue ? — Qu'est-ce que la charrue fouilleuse ?

7. Qu'est-ce que le buttoir ? — Qu'en fait-on ?

8. Qu'est-ce que la herse ? — Quel est son usage ? — Qu'est-ce que le rayonneur ?— la houe à cheval ?

9. Qu'est-ce que le rouleau ? — A quoi sert-il ?

10. Qu'est-ce que l'extirpateur ? — le scarificateur ? — A quoi servent-ils ?

11. N'y a-t-il pas encore d'autres machines aratoires ? — Citez-les.

12. Que faut-il encore compter dans le matériel de la ferme ?

13. Y a-t-il à prendre quelques soins des instruments de la ferme ?

CHAPITRE IV.

Le bétail de la ferme. — Services qu'il lui rend. — Nombre et choix des bestiaux. — Conditions nécessaires à la bonne tenue du bétail. — De l'élève des bestiaux. — De leurs maladies.

1. Le *bétail* ou les animaux domestiques qui secondent l'homme dans la tâche de fertiliser la terre sont, dit un agronome distingué, la base la plus sûre de la prospérité agricole. On peut, au seul aspect des bestiaux d'une contrée, juger de l'état plus ou moins avancé de son agriculture. C'est donc avec raison qu'on répète : « Qui soigne son bétail soigne sa bourse. »

2. Les bestiaux sont utiles au cultivateur sous plusieurs rapports : ils exécutent les travaux qui demandent de la force; ils produisent le fumier ou l'engrais nécessaire à la fertilisation des terres; enfin ils fournissent plusieurs produits nécessaires, soit à l'alimentation (comme le lait, le beurre, la viande, etc.), soit à l'industrie (comme la laine, le cuir, etc.).

3. Le *nombre* des bestiaux doit être proportionné à la quantité de fourrage qu'on peut récolter, et à celle du fumier dont on a besoin. Il doit être suffisant pour qu'on ne soit pas obligé de laisser dans certains moments les travaux en souffrance. — Quant au *choix* du bétail, la production de l'engrais n'étant pas le seul service qu'on en attende, il faut se procurer les diverses espèces de bêtes nécessaires aux divers genres de services qu'elles ont à rendre.

4. Plusieurs conditions sont nécessaires à la *bonne tenue* et à la santé du bétail. — La première de toutes, c'est une nourriture abondante et saine ; car il ne faut pas oublier que les bestiaux sont, comme on l'a dit, des machines à engrais, et que s'il en coûte à qui les nourrit bien, il en coûte encore plus à qui les nourrit mal, puisque c'est nuire à leur santé et diminuer d'autant la production du fumier.

— La nature des aliments et la ration que l'on donne doivent être calculées sur les services qu'on attend de chaque genre de bétail. Une bête qu'on engraisse ou qui travaille beaucoup réclame des aliments plus copieux et plus fortifiants qu'une bête au repos. — Il faut faire manger le bétail à heure fixe et ne pas lui donner à boire une eau bourbeuse ou trop froide. — Il y a de l'inconvénient à passer brusquement de la nourriture sèche à la nourriture verte. Celle-ci exige d'être employée avec certaines précautions, pour ne pas nuire aux animaux.

5. Les autres conditions nécessaires à la bonne santé des bestiaux sont : la propreté des râteliers, mangeoires, auges; celle de la litière et du pavé; un air pur, une température moyenne, ni froide ni trop chaude; un travail modéré, de bons traitements. Les animaux traités avec dureté deviennent vicieux et ne sont plus propres à rien.

6. On ne peut se livrer à l'*élève* des ani-

maux et travailler à l'amélioration des races, qu'après avoir étudié les conditions dans lesquelles telle ou telle race prospère. On doit examiner si ces conditions se trouvent réunies dans la localité que l'on habite; corriger celles qui sont susceptibles de l'être, et ne se servir, pour la multiplication de ces races, que des plus beaux sujets.

Lorsqu'on veut engraisser un animal, il faut ne le prendre ni trop vieux ni trop jeune; doubler la ration ordinaire; cesser de le faire travailler et même, autant que possible, de le traire, et le tenir enfermé dans un lieu chaud et obscur. — L'engrais à l'étable se fait ordinairement en hiver.

7. Les *maladies* qui atteignent fréquemment le bétail ont presque toujours leur source dans l'omission des soins que nous venons d'indiquer, notamment dans l'insuffisance ou la mauvaise qualité de la nourriture, de l'eau, dans la malpropreté et l'insalubrité des étables, dans les fatigues excessives et les mauvais traitements.

— Ces maladies, souvent difficiles à guérir, réclament les soins d'un vétérinaire expérimenté. — Elles ne peuvent que s'aggraver entre les mains d'empiriques qui, dépourvus de toute instruction, prétendent les guérir à l'aide de *charmes* ou de tous autres moyens ridicules, dont le moindre inconvénient est de laisser le mal atteindre un degré de gravité où il est au-dessus des ressources de l'art.

8. On reconnaît qu'une bête est malade quand elle ne mange plus bien, rend des matières plus fréquentes et plus claires, ou au contraire plus sèches et plus rares qu'en santé, qu'elle a le regard abattu et marche péniblement. — Il faut, en attendant l'arrivée du vétérinaire, se contenter de donner du barbotage (son délayé dans de l'eau). — S'il s'agit d'une épizootie ou maladie contagieuse, on isolera la bête malade des autres et on brûlera sa litière[1].

1. Nous nous bornerons à indiquer ici, parce que la chose ne souffre pas de retard, la nécessité d'ad-

Questionnaire.

1. Quelle est l'importance du bétail dans la ferme ?

2. Quels services les bestiaux rendent-ils aux cultivateurs ?

3. Quel est le nombre des bestiaux nécessaires à la ferme ? — Qu'y a-t-il à observer relativement à leur choix ?

4. Quelles sont les conditions nécessaires à la bonne tenue et à la santé du bétail ?

5. En est-il encore d'autres ?

6. Quelles sont les études nécessaires à l'élève des bestiaux ? — Quels soins y a-t-il à prendre des animaux que l'on veut engraisser?

7. D'où proviennent les maladies des bestiaux ? — Quels soins réclament-elles ?

8. A quoi reconnaît-on qu'une bête est malade ?—Qu'y a-t-il à faire en pareil cas ?

ministrer promptement une cuillerée d'ammoniaque (alcali volatil) délayé dans un demi-litre d'eau. ou, à son défaut, une cuillerée de salpêtre dissous dans un verre d'eau-de-vie , aux bestiaux atteints subitement de *météorisation* (c'est ainsi qu'on désigne l'accumulation des gaz dans la panse) ; accident très-commun chez les bêtes qui vont au pâturage. On peut, au bout d'une demi-heure , donner une nouvelle dose du remède, si le gonflement ne diminue pas.

CHAPITRE V.

Diverses espèces de bétail. — Espèce chevaline. — Espèce bovine. — Espèce ovine. — Espèce porcine. — Lapin. — Volaille.

1. On divise le bétail en différentes espèces, qu'on désigne collectivement sous les noms de bêtes *chevalines, bovines, ovines, porcines,* et de *volaille.* — Chaque espèce comprend plusieurs *races,* qui se reconnaissent à des caractères communs, transmissibles de génération en génération. — Nous allons faire connaître les particularités les plus essentielles de chaque espèce, au point de vue de l'agriculture[1].

2. Espèce chevaline. — Le cheval est employé à traîner des fardeaux ou à labourer la terre. — Le cheval mâle s'appelle

1. Voir la *Petite Histoire Naturelle des Écoles* pour les détails relatifs aux mœurs, aux instincts des animaux, à leurs diverses races, etc.

étalon, la femelle *jument ;* les petits sont des *poulains*. — Ceux-ci peuvent commencer à travailler quand ils ont atteint leur troisième année. — Les qualités que l'on recherche principalement dans le cheval de trait sont : d'avoir la poitrine et la croupe larges, les épaules fortes, le corps épais et arrondi, le pied d'aplomb, la démarche assurée.

L'*âne*, et le *mulet* qui provient de l'âne et de la jument, rendent d'utiles services, comme bêtes de transport, dans plusieurs parties de la France. Le mulet va dans les chemins les plus difficiles.

3. Espèce bovine. — C'est le bétail qui rend les plus grands services à l'agriculture par le travail qu'il accomplit, par le lait qu'il fournit pendant sa vie, par les produits variés qu'on en tire après sa mort (viande, cuir, etc.). — Le bœuf mâle s'appelle *taureau*, la femelle *vache ;* les petits sont des *veaux* ou des *génisses*. — Comme bête de trait, le bœuf, qui peut travailler dès l'âge de deux ans, accomplit presque autant de travail que le cheval, mais avec moins de promptitude. Il se nourrit à moins de frais, demande moins de soins, et ne perd pas toute sa valeur en vieillissant. — Les bêtes bovines les plus propres au travail se distinguent par de gros membres, un corps ramassé, une poitrine large. — Celles qui sont propres à l'engraissement ont la tête et les os plus petits, les jambes courtes, la peau souple, le corps long et large. — Les bonnes vaches laitières ont l'air doux, la tête fine, les jambes minces, le ventre large, le pis pendant, et derrière celui-ci, des poils disposés en forme d'écusson, et qui sont l'indice de qualités d'autant meilleures qu'ils sont plus fins et que l'écusson est plus étendu. — Ces différentes aptitudes se trouvent quelquefois réunies dans les races perfectionnées qu'on élève aujourd'hui. — Le meilleur âge pour l'engraissement est de six à huit ans.

4. Espèce ovine. — Ce sont les bêtes à laine ou les moutons. Le mâle s'appelle *bélier*, la femelle *brebis ;* les petits se nomment *agneaux*. — C'est un bétail d'une grande utilité par sa toison, par sa chair, par le suif qu'il fournit. Il est surtout avantageux là où se trouvent des pâturages maigres qui ne pourraient servir à d'autres bestiaux, et où les moutons aiment à paître en liberté. — Enfin, l'engrais qu'ils produisent peut, au moyen du parcage[1], être distribué sur les terres qui en ont besoin, sans frais de transport. — Ce sont, de tous les bestiaux, ceux qui ont le plus à redouter l'humidité. — L'expérience a démontré qu'on ne doit tondre les bêtes à laine qu'une fois l'an. — Leur laine est susceptible d'acquérir des qualités nouvelles sous l'influence de la nourriture, du sol et du climat. La race *mérinos*, originaire d'Es-

1. Le parc est un enclos entouré d'une palissade mobile, et où l'on renferme les bêtes à laine pendant la nuit, sous la garde du berger et de son chien.

pagne, est celle qui produit la laine la plus fine, la plus ondulée et la plus abondante.

La *chèvre*, qui a pour mâle le *bouc* et pour petits les *chevreaux*, ne diffère pas essentiellement des bêtes ovines sous le rapport du traitement qu'elle exige. Elle est surtout d'une grande ressource dans les pays de montagnes. On utilise son lait et sa peau.

5. Espèce porcine. — Ce sont les *porcs* ou *cochons*. Le porc mâle s'appelle aussi *verrat*, la femelle *truie* ; les petits sont les *pourceaux* ou *cochonnets*. — Il y en a un grand nombre de races. On élève ces animaux pour leur chair ou pour leur graisse. Ils sont faciles à nourrir, et partant peu coûteux. Quoiqu'ils soient très-malpropres, il est bon de les laver souvent, et de renouveler fréquemment leur litière.

6. Lapin. — Ce quadrupède s'élève dans des loges ou clapiers, ou dans des enclos nommés *garennes*. On l'engraisse pour sa chair qui est saine et assez nourrissante. On vend aussi sa peau.

7. Volaille. — On comprend sous ce nom tous les oiseaux de la basse-cour, *poules, oies, canards, dindons, pigeons*. On les élève pour leurs œufs, qui constituent (les œufs de poule notamment) une branche de commerce très-importante ; pour leur chair, qui est très-recherchée ; et quelques-uns (les oies particulièrement) pour leurs plumes.— Le mâle de la poule est le *coq*, ses petits sont les *poulets*.— Il y en a une très-grande variété. Les poules à pattes jaunes sont, dit-on, préférables pour l'engraissement, celles à pattes grises pour la production des œufs.

Le mâle de l'oie est le *jars*, ses petits sont les *oisons*. — La femelle du canard est la *cane*, ses petits s'appellent *canetons*. — La femelle du dindon ou la *dinde* a pour petits des *dindonneaux*. Les dindons sont difficiles à élever ; mais leur élevage est productif, ainsi que celui des oies et des canards, là où l'on ne manque pas d'eau. Celui des pigeons l'est moins, en raison surtout des dégâts qu'ils font.

Questionnaire.

1. Comment divise-t-on le bétail ?

2. Parlez de l'espèce chevaline. — Quelles sont les qualités que l'on recherche dans le cheval de trait ? — Qu'avez-vous à dire de l'âne et du mulet ?

3. Parlez de l'espèce bovine. — A quels caractères se reconnaissent les bêtes bovines les plus propres au travail ? — à l'engraissement ? — les bonnes vaches laitières ?

4. Parlez des bêtes ovines. — De quelle utilité sont-elles ? — Parlez de la chèvre.

5. Parlez de l'espèce porcine.

6. Parlez du lapin.

7. Quelles espèces désigne-t-on sous le nom commun de volaille ? — Donnez quelques détails sur chacune d'elles ?

2.

DEUXIÈME PARTIE.

LE SOL

ET LES OPÉRATIONS PROPRES A LE FERTILISER.

—◆—

CHAPITRE VI.

Nature de la terre. — Le sol et le sous-sol. — Composition du sol. — Terres sablonneuses, — argileuses, — calcaires. — Nature du sous-sol. — Circonstances diverses qui influent sur la fertilité du sol.

1. Le sol. — L'agriculteur, pour opérer avec succès, doit d'abord connaître la nature et les propriétés de la terre qu'il cultive. — Cette terre se compose du sol et du sous-sol.

Le *sol* est cette couche superficielle de terre dans laquelle se développent les plantes. — On l'appelle encore terre *végétale* ou *arable* (c'est-à-dire labourable).

Le *sous-sol* est le terrain qui se trouve au-dessous du sol.

2. Le sol arable est d'autant meilleur qu'il est plus profond. Son épaisseur varie de quelques centimètres à un mètre. — Il se compose de matières *minérales* ou *brutes*, et de *matières organiques*.

Les matières *minérales* proviennent des roches ou substances pierreuses qui constituent la partie solide du globe : ce sont le *sable*, l'*argile* et le *calcaire*. — Les matières organiques sont formées de débris de plantes et d'animaux qui se décomposent à la surface du sol[1] : c'est cette terre noirâtre, légère, qu'on appelle *terreau* ou *humus*. — Les unes et les autres sont nécessaires à la croissance des plantes.

3. Aucune matière minérale ne pourrait non plus constituer à elle seule une terre

1. On les appelle *organiques* parce qu'elles proviennent d'êtres formés d'*organes*. On appelle organes les différentes parties des animaux et des plantes. Les êtres inanimés ou les minéraux sont dits *inorganiques*, c'est-à-dire privés d'organes.

propre à la culture. Il faut pour cela que le sable, l'argile et le calcaire soient mélangés dans de certaines proportions. De là résultent les terres *sablonneuses, argileuses, calcaires*.

4. On appelle terres *sablonneuses* ou *siliceuses* celles qui sont principalement composées de *sable* ou de *silice*, c'est-à-dire de petits grains très-durs, sans liaison. — Ce sont des sols légers, secs, perméables, c'est-à-dire se laissant traverser par l'eau et s'échauffant facilement, ce qui fait qu'on les classe parmi les terres *chaudes*.

5. On appelle terres *argileuses* ou *fortes* celles où domine l'argile (*terre glaise*), matière très-compacte, douce au toucher, durcissant et se crevassant quand elle est sèche, retenant l'eau et s'échauffant lentement, ce qui en fait une terre *froide*. — Plus difficiles à travailler que les terres sablonneuses, elles sont plus productives quand elles sont débarrassées de leur excès d'humidité.

6. On appelle *terres calcaires* celles qui offrent une forte proportion de *calcaire* ou *pierre à chaux*[1]. Elles sont ordinairement blanches, durcissent et se travaillent difficilement par la chaleur, retiennent peu l'eau et décomposent rapidement les engrais, ce qui les fait classer parmi les terres *chaudes*. — Les terres calcaires sont favorables aux grains.

Les terres *crayeuses* rentrent dans les terres calcaires. — Les terres *gypseuses* sont celles où domine le *gypse* ou pierre à plâtre, laquelle a également pour base la chaux.

7. Il y a encore des terres dites *d'alluvion :* elles résultent du dépôt dans les vallées des matières organiques et minérales tenues en suspension dans les rivières et les fleuves ; — et des terres *marécageuses, tourbeuses,* formées par la décomposition de certaines plantes dans un sol humide.

1. On reconnaît qu'une terre est calcaire quand elle bouillonne dans les acides.

Enfin, on nomme *terres franches* celles qui, renfermant dans de justes proportions, les différentes matières énoncées ci-dessus, ne sont ni trop consistantes ni trop friables, et se laissent pénétrer facilement par la chaleur, l'air et l'eau.

8. Le sous-sol. — Le *sous-sol*, dans lequel on ne trouve plus de matières organiques, est tantôt sablonneux, tantôt argileux ou calcaire, de même que le sol; mais il n'est pas toujours de la même nature que ce dernier.

9. Le sous-sol peut influer favorablement ou défavorablement sur la fertilité du sol selon qu'il est perméable ou imperméable, c'est-à-dire qu'il laisse passer ou qu'il retient l'eau dont la terre arable est imprégnée. — Ainsi, dans les terres siliceuses, un sous-sol argileux est avantageux en retenant l'eau qui traverse trop rapidement le sable; dans les terres argileuses, qui conservent un excès d'humidité, un sous-sol sablonneux est préférable.

10. Outre la nature du sol, il est encore quelques circonstances qui influent sur sa fécondité : telles sont l'exposition, la forme de la surface, la couleur, le climat, etc. Ainsi, l'exposition au midi, avantageuse pour les terrains argileux, ne l'est pas autant pour les terrains calcaires. — Une surface en pente est préférable dans les terres argileuses, parce qu'elle permet l'écoulement de l'eau ; elle est nuisible dans les terres sablonneuses, parce qu'elle les dessèche. Enfin la physique nous démontre qu'un sol d'une couleur foncée s'échauffe plus facilement qu'une terre blanche[1].

Questionnaire.

1. Qu'est-ce que l'agriculteur doit d'abord connaître ? — De quoi se compose la terre qu'il cultive ?

2. Quelle est l'épaisseur du sol arable ? — De quoi se compose-t-il ? — D'où proviennent les matières minérales du

[1] Voir la *Petite Physique des Écoles* pour l'explication de ce fait, et en général pour tout ce qui concerne les phénomènes de l'atmosphère, dont la connaissance est si nécessaire au cultivateur.

sol ? — D'où proviennent les matières organiques ?

3. Une terre arable peut-elle être composée d'une seule matière ?

4. Qu'appelle-t-on terres sablonneuses ?

5. — terres argileuses ?

6. — terres calcaires ? — Quelles sont leurs propriétés ? — Qu'est-ce que les terres crayeuses ? — gypseuses ?

7. Qu'appelle-t-on terres d'alluvion ? — terres marécageuses, tourbeuses ? — terres franches ?

8. De quoi se compose le sous-sol ? — Est-il toujours de la même nature que le sol ?

9. De quelle manière le sous-sol influe-t-il sur la fertilité du sol ?

10. N'est-il pas encore d'autres circonstances qui influent sur la fertilité du sol ? — Faites-les connaître.

CHAPITRE VII.

Préparation du sol. — Défrichement. — De l'écobuage. — Du défoncement. — Défrichement des terrains boisés. — Culture des terres défrichées. — Épierrement.

1. Un terrain n'est généralement propre à la culture qu'après avoir subi certains travaux préparatoires qui ont pour but de le débarrasser soit de la végétation sauvage

3.

qui le couvre, soit des pierres qui l'encombrent, des inégalités qui s'opposent aux labours, ou enfin des eaux qui séjournent à sa surface. De là la nécessité de défricher, d'épierrer, d'égaliser, d'assainir le sol qui n'a pas été jusque-là soumis à la culture. — Il faut, toutefois, n'entreprendre ces travaux qu'autant que le produit des récoltes peut compenser la dépense qu'ils occasionnent.

2. Défrichement. — Il a pour but de convertir en terres cultivables des terrains boisés et des terres incultes ou en friche (landes). — Il y a différentes manières de pratiquer cette opération, suivant l'état où se trouve le terrain.

Dans les terres en friche, quand le sol est recouvert d'herbes épaisses, de nature tourbeuse ou argileuse, on peut commencer par écobuer. — L'*écobuage* consiste à enlever par mottes le gazon et les plantes qui s'y trouvent avec leurs racines : à les faire sécher au soleil pendant quelques jours, puis à les mettre en petits tas, que l'on brûle lentement pour en répandre le plus également possible les cendres sur le sol, auquel on les incorpore par un labour. — Quand le sol ne se trouve pas dans les conditions ci-dessus mentionnées, il vaut mieux s'abstenir de cette opération, qui a pour effet de détruire en partie les principes fertilisants des plantes, qu'il eût mieux valu convertir en engrais.

3. A l'écobuage on préfère, notamment dans les terres sablonneuses suffisamment riches en terreau, le *défoncement* du sol à 0,80 centimètres de profondeur, à l'aide de la pioche ou de la bêche. — La couche superficielle du terrain ainsi défoncé est mise de côté pour être ensuite répandue à sa surface.

4. Le défrichement des *terrains boisés* a pour but d'accroître la production des denrées alimentaires. — Cette opération, qui ne peut se faire sans une autorisation préalable de l'administration, parce que trop répétée elle produirait la disette de combustible, exige d'abord l'abattage des arbres et l'arrachement des souches. Puis, à l'aide d'un labour profond, on achève d'arracher les racines qui restent dans la terre, on les brûle et l'on en répand les cendres sur le sol.

5. Quant au genre de culture qui doit succéder au défrichement, il est relatif à la nature du sol. On commence souvent par y semer de l'avoine, du sarrasin ou des pommes de terre.

6. Épierrement. — Lorsque les roches ou les pierres roulantes sont assez abondantes dans un terrain pour mettre obstacle à l'action des instruments aratoires, on pratique l'épierrement, c'est-à-dire qu'on casse ces pierres : on les enlève ou on les enterre sous la couche arable, si elles sont d'un volume considérable. — Quant aux roches trop volumineuses pour être déplacées ou enterrées, elles obligent nécessairement à labourer dans les intervalles qui les séparent, ou à modifier la culture.

Les pierres peuvent, du reste, si elles ne sont pas en trop grand nombre, être favorables, soit à un terrain trop chaud, où elles entretiennent la fraîcheur : soit à une terre trop froide, dont elles diminuent la consistance, permettant ainsi à la chaleur d'y pénétrer : soit aux sols légers, qu'elles consolident, surtout quand le terrain est en pente.

Enfin, les pierres peuvent, après avoir été cassées, être utilisées pour l'empierrement des routes et des chemins aboutissant à la ferme, et dont le bon état est une des conditions importantes de la prospérité agricole.

Questionnaire.

1. Quels sont les travaux à exécuter dans un terrain pour le rendre propre à la culture ?

2. Quel est l'objet du défrichement ? — Comment exécute-t-on cette opération ? — En quoi consiste l'écobuage ? — Quels sont ses inconvénients ?

3. Quel procédé lui préfère-t-on quand il n'est pas indispensable ?

4. Quel est le but du défrichement des ter-

rains boisés? — Comment s'exécute-t-il?

5. Quel genre de culture doit succéder au défrichement?

6. Comment pratique-t-on l'épierrement? — Les pierres peuvent-elles être favorables à un terrain? — A quoi peut-on les utiliser?

CHAPITRE VIII.

De l'assainissement du sol. — Procédés divers : rigoles et fossés d'écoulement ; drainage. — De l'irrigation. — Ses différents modes.

1. Assainissement. — On entend par *assainissement* les travaux qui ont pour objet de débarrasser le sol de l'eau qui s'y trouve en trop grande abondance, ce qui est une des circonstances les plus nuisibles à la culture. — Ces travaux sont particulièrement nécessaires aux terrains où, par suite de l'imperméabilité du sous-sol, des nappes d'eau stagnantes s'amassent au-dessous de la couche arable, s'opposent au succès des opérations agricoles et retardent la germination **des** graines, si même elles ne les empêchent de lever.

2. Les travaux d'assainissement consistent en *rigoles*, *fossés d'écoulement*, et dans le *drainage*.

Les *rigoles* sont des espèces de sillons de 20 à 30 centimètres de profondeur, et que l'on creuse dans le sens où le terrain penche, là où l'humidité n'est qu'à la surface. — Quand elles ne suffisent pas pour assainir le sol, il faut creuser des fossés d'écoulement ou drainer.

3. Les *fossés* consistent en tranchées larges et profondes que l'on pratique dans la partie la plus basse du terrain, et dans lesquelles se déchargent d'autres fossés plus petits, creusés dans le sens de la pente. — Ces fossés sont à ciel ouvert, ou ils sont couverts. Dans ce dernier cas, on jette au fond des tranchées des pierres cassées ou des fascines (menu bois), et l'on achève de les combler avec de la terre, de manière à pouvoir labourer à leur surface.

A ce genre d'assainissement, coûteux et imparfait, on préfère aujourd'hui le drainage, plus durable, plus complet et plus fructueux.

4. Le *drainage*[1] s'exécute à l'aide de tuyaux en terre cuite ou drains de 30 à 35 centimètres de longueur, et de 3 à 8 centimètres de diamètre, selon qu'il s'agit de tuyaux secondaires ou de tuyaux collecteurs, c'est-à-dire dans lesquels se déchargent les premiers. — Ces tuyaux se posent bout à bout, au fond de fossés étroits creusés là où l'on a reconnu la présence d'eaux souterraines. — L'eau s'infiltre dans les jointures des tuyaux par lesquels elle doit s'écouler. On facilite cet écoulement en déposant au-dessus des drains un lit de pierres concassées.

5. La distance à laquelle les drains doivent se trouver les uns des autres, la pente qu'il faut leur donner, la profondeur à

1. D'un mot anglais qui signifie rigole.

laquelle il faut les enterrer, varient selon la nature du sol et son degré d'humidité. Cependant on s'accorde généralement à leur donner depuis 60 à 80 centimètres jusqu'à 1 mètre et plus de profondeur, les drainages superficiels étant insuffisants; et une pente de 5 millimètres à 1 centimètre par mètre. On laisse 8 à 20 mètres d'intervalle entre chaque ligne de drains.

On peut tirer parti de l'eau qui s'écoule des drains et qui est très-limpide.

L'assainissement des prairies s'opère aussi, dans quelques cas, en les élevant par des terres rapportées qu'on y conduit.

6. Irrigations. — Lorsqu'un terrain, au lieu d'offrir trop d'humidité, pèche par l'excès contraire, on recourt aux *irrigations*, qui consistent à y faire arriver l'eau qui lui manque au moyen d'un cours d'eau qu'on y répand. — Cette opération est principalement appliquée, dans notre pays, aux prairies. — Pour en obtenir tous les avantages qu'on peut s'en promettre, il faut que l'eau soit en quantité suffisante et qu'elle soit de bonne qualité, car il est des eaux nuisibles à certaines cultures, ce que l'on vérifie par l'expérience.

7. Il y a trois manières d'irriguer : par *ruissellement*, par *submersion* et par *infiltration*.

Dans l'irrigation par *ruissellement* ou par prise d'eau, un fossé ou canal de dérivation reçoit l'eau d'un cours d'eau situé à la partie la plus élevée du terrain, et la verse à son tour, par de petits canaux de distribution, dans des rigoles creusées parallèlement au canal de dérivation, à 10 ou 15 mètres les unes des autres. De petits barrages pratiqués à l'aide de mottes de gazon retiennent l'eau à volonté dans ces rigoles, et l'obligent à se répandre en débordant sur l'espace de terrain qui les sépare. — Un fossé d'écoulement ou de décharge, situé dans la partie la plus basse du terrain, reçoit l'excédant de l'eau qui n'a pas été employée à l'irrigation.

Il faut, pour bien faire, que l'eau arrive partout et qu'elle ne séjourne nulle part. — On laisse, en général, couler l'eau pendant la nuit et on l'arrête pendant le jour.

8. L'irrigation par *submersion*, plus particulièrement en usage dans les pays méridionaux, dans la culture du riz, etc., consiste à inônder complétement le sol, au moyen d'une vanne[1] établie sur un cours d'eau.

Dans l'irrigation par *infiltration*, particulièrement appliquée au jardinage, on remplit, à l'aide d'une prise d'eau, des fossés habituellement à sec et on y retient l'eau, qui, au lieu de se répandre sur la surface du sol, s'infiltre souterrainement par les parois de ces fossés.

9. L'irrigation est quelquefois utile à des prés marécageux, en remplaçant l'eau croupissante qui s'y trouve par une eau courante, plus favorable à la végétation.

1. Espèce de porte en bois qui s'élève ou s'abaisse pour laisser échapper l'eau ou pour la retenir.

Enfin, dans certains sols sablonneux et stériles on laisse parfois séjourner des eaux chargées de limon qui les fertilise. C'est ce qu'on appelle le *colmatage*.

Questionnaire.

1. Qu'entend-on par assainissement ? — Dans quel cas est-il nécessaire ?

2. En quoi consistent les travaux d'assainissement ? — Qu'est-ce que les rigoles ?

3. En quoi consistent les fossés d'écoulement ?

4. Comment s'exécute le drainage ?

5. Achevez de faire connaître ce procédé. — Peut-on utiliser l'eau du drainage ? — L'assainissement des prairies peut-il encore se pratiquer d'une autre manière ?

6. Dans quel cas recourt-on aux irrigations ? — En quoi consiste ce procédé ?

7. Quelles sont les diverses manières d'irriguer ? — Comment s'exécute l'irrigation par ruissellement ?

8. En quoi consiste l'irrigation par submersion ? — par infiltration ?

9. L'irrigation ne peut-elle pas être utile dans certains sols marécageux ? — Qu'appelle-t-on colmatage ?

CHAPITRE IX.

Des amendements et de leur nécessité. — Deux sortes d'amendements. — Amendements proprement dits. — La chaux; manière de l'employer.

1. Le sol n'offre pas toujours les conditions les plus favorables à la culture. Il peut, par l'absence ou par l'excès d'une des substances qui le composent naturellement (argile, sable, chaux), être trop sec ou trop humide, trop consistant ou trop léger, trop froid ou trop chaud. — Outre cela, les récoltes lui enlèvent annuellement un certain nombre de principes ou éléments nécessaires à l'accroissement des plantes. Ainsi, si l'on semait tous les ans dans le même champ du blé ou de l'orge, sans rendre au sol ce que ces plantes en ont tiré, on verrait d'année en année la récolte diminuer jusqu'à ne plus rien produire. — De là la nécessité des *amendements* ou des substances que l'on ajoute au sol pour en corriger la nature, et lui rendre les principes qu'il a perdus, ou qui ne s'y trouvent pas en quantité suffisante.

2. Les amendements sont de deux sortes : les *amendements proprement dits* et les *engrais.*

Les amendements proprement dits agissent mécaniquement ou physiquement sur le sol, c'est-à-dire qu'ils en changent les proportions et la consistance, de manière à le rendre plus perméable à l'air, à la chaleur, à l'humidité.

Les engrais agissent chimiquement sur les plantes, c'est-à-dire qu'ils leur fournissent les matières nécessaires à leur accroissement et qu'elles s'incorporent. — Nous allons parler successivement des uns et des autres [1] .

1. La *physique* nous enseigne les qualités des corps qui tombent sous les sens, comme la dureté, la mollesse, le poids, la couleur, etc. La *chimie* nous apprend quelles sont les substances qui entrent

3. Les amendements. — Trois conditions sont nécessaires pour se servir avantageusement des amendements :

1º Il faut connaître la nature du sol sur lequel on veut les employer, et le genre d'amendements que ce sol réclame ;

2º On doit savoir dans quelle proportion il est nécessaire de les employer ;

3º Il faut qu'on puisse se les procurer assez abondamment, à bas prix, et les transporter facilement sur le sol que l'on veut fertiliser.

4. Les substances qui réunissent le mieux ces diverses conditions et les plus usitées comme amendements sont : la *chaux*, la *marne*, le *plâtre*.

5. La chaux. — On désigne sous le nom de *chaux vive* ou *calcinée*, la pierre calcaire qui a été au four. C'est sous cet état qu'on

dans la composition de chaque corps, et l'action de ces corps les uns sur les autres. Des notions au moins élémentaires sur ces sciences sont d'une grande utilité pour l'agriculteur.

l'emploie ordinairement en agriculture. —
On la dépose sur le sol qu'on veut amender,
par petits tas qu'on recouvre d'une couche
de terre. Lorsqu'elle est réduite en poussière par l'action de l'air, on la répand sur
le terrain à l'aide d'une pelle, ou on l'incorpore au sol au moyen d'un léger labour.
— La pierre calcaire non calcinée a une
action moins vive.

6. Cette opération, qu'on nomme *chaulage,* est spécialement utile aux terrains
qui manquent de substances calcaires, ou
qui n'en contiennent pas assez. Elle donne
de la consistance aux terrains trop légers,
ameublit les terrains trop compactes, les
échauffe, et détruit les mauvaises herbes.

Il faut en moyenne 40 à 50 hectolitres
de chaux vive par hectare dans les terres
sablonneuses, trois ou quatre fois autant
dans les terrains très-argileux, auxquels
cet amendement convient particulièrement.

7. On emploie aussi le chaulage pour
combattre l'acidité fréquente dans les terres

nouvellement défrichées (surtout quand elles sont tourbeuses), après les avoir préalablement assainies.

Les effets du chaulage sont durables ; ils peuvent se faire sentir pendant dix à quinze ans.

Questionnaire.

1. Quelles sont les circonstances qui peuvent rendre le sol impropre à la culture ? — Qu'en résulte-t-il, et qu'entend-on par amendements ?

2. Comment y a-t-il de sortes d'amendements ? — Qu'entend-on par amendements proprement dits?—par engrais ?

3. Quelles sont les conditions nécessaires au succès des amendements ?

4. Quels sont les amendements les plus usités ?

5. Qu'appelle-t-on chaux vive ou calcinée ? — Comment l'emploie-t-on ?

6. A quels terrains cette opération est-elle particulièrement utile ? — Combien faut-il de chaux vive pour amender un terrain ?

7. Dans quel cas emploie-t-on encore le chaulage ? — Les effets du chaulage sont-ils durables ?

CHAPITRE X.

Suite des amendements. — La marne ; ses caractères, son emploi ; l'argile, le sable et autres amendements. — Le plâtre et autres stimulants.

1. La marne. — La *marne* est une chaux mêlée de sable ou d'argile. C'est à la chaux qu'elle doit ses qualités essentielles : aussi agit-elle de la même manière, mais son action est moins forte.

On appelle *marne calcaire* celle qui est principalement formée de chaux : c'est la plus recherchée ; — *marne argileuse*, celle qui contient une plus forte proportion d'argile ; — *marne sableuse*, celle qui contient du sable.

2. La marne n'a pas toujours le même aspect. Tantôt elle est blanche, tantôt elle est colorée. Mais on la reconnaît toujours à trois caractères : c'est, premièrement, de se déliter, c'est-à-dire de tomber en poussière à l'air ; — secondement, de faire une bouillie avec l'eau ; — troisièmement, de bouillonner comme le calcaire quand on l'arrose avec un acide (du vinaigre fort, par exemple).

3. La marne s'emploie de préférence à la chaux, parce qu'elle se trouve souvent sous la couche arable dans le terrain même que l'on veut amender, et puis parce qu'elle ne demande pas, comme la chaux, une cuisson préalable. — La marne calcaire s'emploie de préférence dans les terres argileuses qu'on veut réchauffer, dessécher, rendre plus perméables ; la marne argileuse, dans les terres sablonneuses dont il faut augmenter la consistance et l'humidité ; la marne sablonneuse se met dans les terres argileuses.

La manière d'employer la marne est la même que pour la chaux. C'est ce qu'on appelle *marnage*. Il se fait préférablement en automne, ou pendant les gelées sans neige.

4. La quantité de marne nécessaire pour marner un terrain varie de 60 à 80 mètres cubes et plus par hectare, suivant le sol et la nature plus ou moins calcaire de la marne. — L'effet d'un bon marnage est encore sensible après plusieurs années.

5. L'*argile*, dont nous avons fait connaître précédemment les propriétés, peut aussi s'employer comme amendement dans les terres sablonneuses auxquelles on veut donner de la consistance. — Quand elle forme le sous-sol, on la ramène à la surface par un labour profond. — Quand on la transporte dans un champ, ce qui se fait plus rarement, à cause des frais que cela occasionne, on l'y abandonne pendant l'hiver, puis on l'enterre au printemps.

On utilise parfois aussi le *sable fin* qui se trouve à portée des terres argileuses trop compactes, en l'y mêlant avec de la marne.

6. Il est encore plusieurs substances calcaires ou siliceuses usitées comme amendements ; telles sont, parmi les substances calcaires, les *faluns*, bancs de terre formes de coquillages brisés, très-communs dans la Touraine, où ils s'emploient comme la marne ; — et parmi les substances siliceuses, les *tangues*, les *trez*, les *merles*, sables marins très-fins, mêlés de débris de coquillages, polypiers, etc., et qu'on utilise sur les côtes de Bretagne et de Normandie.

7. Le plâtre. — Le *plâtre* ou *pierre à plâtre* est rangé parmi les amendements qu'on appelle *stimulants*, parce qu'ils n'ont plus seulement pour but de modifier la nature du sol, mais qu'ils agissent directement sur les plantes en stimulant leurs organes, c'est-à-dire en leur imprimant plus d'activité.— Le plâtre s'emploie avant ou après la cuisson, à la dose de 2 à 4 hectolitres par hectare, dans les prairies artificielles particulièrement, au moment des semailles ou lorsque les plantes ont déjà poussé de quelques centimètres.— Les plâtras réduits en poudre peuvent s'employer comme le plâtre.

8. On peut rapporter à ce genre d'amendements les *cendres* de bois, de tourbe, de houille, etc., qu'on répand à la volée dans la proportion de 50 à 100 hectolitres par hectare. Les cendres sont d'un emploi avantageux sur les prairies, dans les terres légères. — La *suie* provenant de la combustion de la houille, du bois, etc., est un stimulant énergique qui éloigne ou fait périr les animaux nuisibles. — On utilise aussi les *scories*, sorte d'écume vitrifiée qui provient de la fonte du fer, et qu'on a préalablement étendues sur les chemins pour y être broyées sous les roues des voitures.

Questionnaire.

1. Qu'est-ce que la marne ? — Qu'appelle-t-on marne calcaire, — argileuse, — sableuse ?

2. A quoi reconnaît-on la marne ?

3. Pourquoi préfère-t-on souvent la marne à la chaux ? — Dans quels terrains s'emploie la marne calcaire ? — argileuse ? — sablonneuse ? — Quelle est la manière de l'employer ?

4. Quelle quantité de marne faut-il employer ?

— Son effet est-il durable ?

5. L'argile peut-elle s'employer aussi comme amendement ? — Peut-on utiliser le sable pour le même objet ?

6. N'est-il pas encore plusieurs substances calcaires et siliceuses à ci-ter parmi les amende-ments ? — Nommez-les.

7. A quel genre d'a-mendements rapporte-t-on le plâtre ? — Comment s'emploie-t-il ?

8. Quelles substances peut-on faire encore rentrer parmi les stimu-lants ?

CHAPITRE XI.

Les engrais ; leur nécessité. — Diverses sortes d'engrais. — Engrais mixtes : le fumier ; ses diverses espèces ; soins qu'il exige ; manière de l'employer. — Autres engrais mixtes.

1. Les plantes auraient bientôt épuisé le sol dans lequel elles croissent, si on ne lui rendait, au moyen des engrais, les principes que ces plantes lui enlèvent.

Les *engrais* sont des débris de matières organiques d'où les plantes tirent leur principale nourriture. Ils sont aux végétaux ce que les aliments sont aux animaux.

2. Il y a des *engrais végétaux* qui se composent uniquement de débris de plantes ; des *engrais animaux*, qui proviennent de débris d'animaux ; enfin des *engrais mixtes*, comme le fumier, c'est-à-dire qui se composent des uns et des autres. Nous parlerons en premier lieu de ces derniers, les plus importants et les plus usités, parce que ce sont ceux que l'on se procure en plus grande quantité.

3. Engrais mixtes. — Le *fumier*, le plus usité des engrais mixtes, provient des déjections ou excréments des animaux mélangés à leur litière. — Il est d'autant meilleur et d'autant plus abondant que les animaux sont mieux portants, mieux traités, que leur nourriture est plus abondante et plus fortifiante, que la paille de leur litière est de meilleure qualité. — Les bestiaux nourris à l'étable donnent beaucoup plus de fumier que ceux qui sont nourris au pâturage.

4. Quoiqu'on mêle souvent les divers

fumiers de la ferme, ces fumiers n'ont pas tous les mêmes propriétés.

On appelle *fumiers chauds* ceux qui, entrant promptement en fermentation, agissent rapidement et avec énergie; et *fumiers froids* ceux qui agissent plus lentement et avec moins d'activité.— Parmi les premiers sont le fumier de cheval et celui des *bêtes ovines;* ils conviennent particulièrement aux terres humides et froides. — Parmi les seconds, qu'on préfère pour les terres légères et sèches, sont les fumiers des *bêtes bovines* et du *porc* (ce dernier est le moins estimé). — Dans les terres ordinaires on emploie les fumiers mélangés.

5. La qualité du fumier dépend beaucoup aussi du soin qu'on en prend. Le fumier, déposé dans une fosse ou en tas sur une plate-forme légèrement inclinée pour permettre de recueillir le *purin* ou liquide qui s'en écoule, sera autant que possible préservé de la sécheresse ou de la moisissure. A cet effet, on le déposera sous un hangar à l'abri du soleil; on l'arrosera, s'il s'échauffe, avec le purin ou même avec de l'eau; on le recouvrira de plâtre en poudre pour empêcher l'évaporation des gaz, avec lesquels s'échapperaient une partie des principes fertilisants.

6. C'est une erreur de croire que le fumier trop fait ou passé, comme on le dit, à l'état de *beurre noir*, soit meilleur que le fumier moins fait, car il a perdu par l'évaporation une grande partie de ses principes fertilisants. Il ne faut donc pas le laisser trop longtemps en terre ou dans les fosses.

7. Le fumier conduit aux champs est recouvert peu de temps après par un labour, ou répandu à la surface sans être enfoui (ce qu'on appelle fumer en couverture). — La première méthode est préférable dans les sols argileux et dans les climats chauds et secs. — La seconde peut être employée sans inconvénients, quand le fumier n'est pas trop décomposé, dans les terres légères et dans les prairies.

8. La quantité de fumier à employer est relative, de même que la qualité, à la nature du sol et à celle de la culture. Une bonne fumure est, en moyenne, de 35 mille kilogrammes par hectare. — Aux terrains argileux, qui décomposent lentement les engrais, on accorde une forte fumure et un fumier long et pailleux (c'est-à-dire contenant beaucoup de paille), lequel divise le sol et l'empêche de se mettre en mottes. — Aux terrains sablonneux, qui décomposent plus rapidement les engrais, on ne donne qu'une fumure plus légère, mais on la réitère plus fréquemment, et un fumier gros et court, c'est-à-dire contenant beaucoup de matières animales et peu de paille. — Aux plantes qui ne vivent pas longtemps il faut des fumiers peu avancés.

9. On peut encore faire rentrer parmi les fumiers mixtes quelques engrais formés d'un mélange de matières minérales et organiques, telles que les *boues de rue*, les *compost*, les *os pilés*, le *noir animal*, la *tourbe.*

Les *boues de ville* sont fréquemment employées dans les jardins. — Les *compost* se fabriquent avec des débris animaux et végétaux qu'on mélange avec de la terre. Cet engrais, qu'on emploie surtout dans les prairies, permet d'utiliser toute sorte de déchets, les balayures, la sciure de bois, les fanes et les mauvaises herbes, etc.

Les *os*, cuits ou crus, provenant des boucheries, des cuisines ou même de certains terrains où ils sont enfouis à l'état fossile, s'étendent par couches dans l'intérieur des fumiers, qui les ramollissent assez pour permettre de les écraser facilement. Ainsi broyés, ils se répandent à la volée dans les terres sablonneuses principalement. — Cet engrais, quoique fourni par le règne animal, doit ses propriétés essentielles au sel calcaire qui forme la base des os. — Le *noir animal*, que l'on tire des raffineries de sucre, est composé en partie de charbon d'os. — Les *râpures de corne* qu'on se procure dans les fabriques de peignes, etc., ont à peu près les mêmes propriétés. — L'effet de ces divers amendements se prolonge plusieurs années.

Questionnaire.

1. Qu'est-ce que les engrais ? — Qu'est-ce qui les rend nécessaires ?

2. Combien y a-t-il de sortes d'engrais ?

3. D'où provient le fumier ? — Quelles sont les circonstances nécessaires à la production d'un bon fumier ?

4. Tous les fumiers ont-ils les mêmes propriétés ? — Qu'appelle-t-on fumiers chauds ? — fumiers froids ? — A quels terrains conviennent-ils ?

5. D'où dépend encore la qualité du fumier ? — Quels soins faut-il en prendre ?

6. Le fumier le plus fait est-il le meilleur ?

7. Comment emploie-t-on le fumier ?

8. Quelle est la quantité de fumier à employer ? — Faut-il plus de fumier à certains terrains qu'à d'autres ?

9. N'y a-t-il pas encore d'autres substances qu'on peut faire rentrer parmi les fumiers mixtes ? — Parlez des boues de rue ; — des compost ; — des os broyés ; — de la râpure de corne. — L'effet de ces amendements est-il durable ?

CHAPITRE XII.

Engrais animaux : l'urine, le sang et la chair, la gadoue et la poudrette, la colombine, le guano. — Engrais végétaux : les engrais verts, les varechs, les tourteaux, etc.

1. Engrais animaux. — Les *engrais animaux* sont liquides, comme l'*urine*, le *sang*, ou solides, comme la *chair*, les *excréments*, la *colombine*, le *guano*. — Ces engrais sont très-énergiques, mais d'un effet peu durable. Ils conviennent surtout aux terres légères, aux prairies, aux plantes hâtives (tabac, lin, etc.).

2. On recueille l'*urine* à sa sortie des étables, dans des fosses murées ou dans des tonneaux enterrés à fleur de terre. On la transporte dans les champs au moyen de tonneaux d'arrosage montés sur deux roues.

3. La *chair* des animaux, et le *sang,* qui n'est qu'une chair coulante, constituent aussi un bon engrais, mais d'une utilité bornée, n'étant fournis que par les animaux abattus ou morts de maladie. — Les *plumes*, les *poils*, les *chiffons de laine*, qu'on prépare aujourd'hui dans ce but, valent le meilleur engrais.

4. Les *matières fécales* ou excréments humains, composés de principes animaux et végétaux, s'emploient à l'état frais (*gadoue*) ou à l'état sec (*poudrette*). — La *gadoue* est souvent négligée en raison de la répugnance qu'elle inspire[1] ; mais c'est un engrais très-puissant, qui convient à tous les sols et à toutes les plantes. — La *poudrette* a beaucoup moins d'énergie. Il en faut vingt-cinq à trente hectolitres par hectare dans la culture des céréales.

5. On donne le nom de *colombine* à la

---

1. On peut désinfecter les matières fécales en y mêlant de la poudre de charbon, du plâtre ou du sulfate de fer (vitriol vert).

fiente des pigeons et des oiseaux de basse-
cour en général. C'est un engrais puissant,
agissant à la manière des fumiers chauds.

Le *guano,* qu'on trouve en dépôts consi-
dérables dans l'Amérique méridionale, sur
les côtes du Pérou et de la Patagonie, paraît
être formé des débris et des excréments,
accumulés depuis un temps immémorial,
des oiseaux de mer qui fréquentent ces
contrées. — On l'emploie, selon sa force,
depuis 250 jusqu'à 700 kilogrammes par
hectare[1]. — Cet engrais se répand en poudre, à la volée ou au semoir. Son effet,
quoique très-énergique, ne s'étend pas
au delà d'une année.

6. Engrais végétaux. — Les engrais végétaux les plus employés sont : les *engrais
verts,* les *varechs,* les *tourteaux,* les *marcs,*
le *tan.*

---

1. Le plus actif est le *guano du Pérou.* Cet engrais
est souvent falsifié dans le commerce. On reconnaît
qu'il est de bonne qualité lorsque, mêlé avec de la
cendre, il dégage un gaz d'odeur piquante et désa-
gréable.

Les *engrais verts* proviennent de plantes qu'on enterre dans le sol par un labour profond, à l'époque de leur floraison. — On destine à cet usage les plantes qui croissent vite ou dont les graines ont le moins de valeur, telles que le sarrasin, la spergule, le lupin, la seconde ou troisième coupe de trèfle, le colza, le genêt, etc., selon le climat et la nature du sol. — Cette sorte d'engrais, assez coûteux, s'emploie de préférence dans les sols sablonneux, crayeux, et là où le fumier fait défaut ; du reste, il ne le remplace pas complétement. — Son effet est peu durable.

7. Les *varechs* ou algues marines sont des plantes que l'on recueille sur les bords de la mer, et qui peuvent servir au même usage que les engrais verts. Ils s'emploient aussi à l'état de cendres.

Les *tourteaux*, c'est-à-dire le résidu des graines qui fournissent de l'huile (lin, colza, navette, etc.), constituent un engrais très-actif, qu'on peut employer aussi pour l'engraissement des bestiaux. — Il ne faut pas négliger non plus, quoiqu'ils n'aient pas la même activité, les *marcs*[1] de raisins, de pommes ou de poires fermentés ou mêlés avec la chaux ; les *résidus de brasserie* ; le *tan* ou la poudre d'écorce de chêne, les *feuilles mortes*, etc.

Questionnaire.

1. Comment divise-t-on les engrais animaux ? — Quel est leur effet ? —

2. Comment emploie-t-on l'urine ?

3. Quelles qualités ont la chair et le sang des animaux ?

4. Sous quel état s'emploient les excréments humains ?

5. Qu'appelle-t-on colombine ? — Quelles sont ses propriétés ? — De quoi est formé le guano ? — Comment l'emploie-t-on ?

6. Qu'est-ce que les engrais végétaux ? — D'où proviennent les engrais verts ?

7. Qu'est-ce que les varechs ? — Que fait-on des tourteaux ? — N'est-il pas encore d'autres débris végétaux qu'il faut utiliser ?

1. Marcs, reste des fruits dont on a exprimé le suc.

CHAPITRE XIII.

Les travaux aratoires. — Labours et façons. — Diverses espèces de labours. — Conditions dans lesquelles ils doivent se faire. — Défoncement. — Des façons les plus usitées : comment elles se pratiquent.

1. Labours. — Il ne suffit pas d'amender la terre, il faut encore la façonner de manière à ce que les plantes s'y trouvent dans les conditions les plus favorables à leur développement. — On donne le nom de *labours* aux travaux qui ont pour but d'ameublir le sol ou, en d'autres termes, de le soulever et de le diviser, de manière à le rendre plus perméable à l'air, à la chaleur et à l'eau. — Les labours ont en même temps pour résultat de mélanger les différentes couches de terrain, d'y détruire les mauvaises herbes, et de permettre aux plantes de s'y enfoncer plus profondément.

C'est donc la plus importante de toutes les opérations agricoles.

2. Quoiqu'on puisse pratiquer des labours à bras avec la bêche, la houe, etc., les labours proprement dits s'exécutent ordinairement avec la charrue. — On donne plus particulièrement le nom de *façons* aux labours qui s'exécutent avec les autres instruments de culture; tels le *hersage*, le *binage*, le *sarclage*, le *buttage*.

3. **Labours à la charrue.** — Les labours à la charrue se pratiquent de trois manières différentes : à *plat*, en *planches* et en *billons* ou *ados*.

Dans le *labour à plat* on renverse la terre toujours du même côté dans la raie qui vient d'être ouverte, de sorte que le champ ainsi labouré offre une surface unie. — Ce procédé est préférable aux autres dans les terrains assainis, ou qui ne sont pas naturellement trop humides.

Le *labour en planches* ou gros billons consiste à pratiquer de distance en distance des sillons profonds, qui ont pour but de faciliter l'écoulement des eaux. — On l'emploie spécialement dans les terrains humides, en pente douce.

Le *labour en petits billons* n'en diffère qu'en ce que les sillons sont plus rapprochés les uns des autres, et la terre bombée ou en dos d'âne entre eux. — Quoique cette espèce de labour soit la plus employée dans beaucoup de localités, parce qu'elle est plus rapide et qu'elle exige moins de tirage, elle a plusieurs inconvénients, entre autres ceux de laisser au milieu de chaque billon une partie inculte, et de gêner beaucoup l'action des instruments aratoires.

4. Dans toutes les formes de labours il faut que l'entrure ou la raie ouverte par la charrue soit nette, parfaitement droite, plus profonde que large, et partout d'une égale profondeur. — Il est nécessaire pour cela que la charrue marche sans secousses, et que le sol ne soit ni trop sec ni trop humide.

5. Le nombre et la profondeur des labours doivent être en rapport avec la nature du sol, et avec celle des plantes que l'on veut semer. Ainsi les terres fortes, celles qui sont en friche exigent des labours plus fréquents et plus profonds que les terres légères ou qui sont déjà cultivées. — Les plantes dont les racines s'enfoncent à une grande profondeur, demandent des labours moins superficiels que celles dont les racines s'étendent horizontalement sans beaucoup s'enfoncer, comme les céréales.— Le premier labour est ordinairement le plus profond.

6. C'est en automne et au printemps qu'on pratique communément les labours. Les premiers ont principalement pour but d'ameublir le sol. — Les labours qui ont pour but la destruction des mauvaises herbes se font à différentes époques, suivant la nature de ces herbes.

7. Le *défoncement* est un labour profond qu'on emploie quand on veut ameublir un sous-sol imperméable, ou ramener à la surface d'un sol trop léger un sous-sol plus compacte.

Cette opération s'exécute à la bêche, à la pioche, ou en faisant passer deux charrues l'une après l'autre dans la même raie. — Avant de la commencer, on enlève le terreau ou les couches superficielles du terrain en plusieurs tas, qu'on répand ensuite soit seuls, soit mêlés avec de la chaux, sur la surface défoncée. — L'entrée de l'hiver est l'époque la plus favorable aux défoncements.

8. Façons. — Les *façons* les plus usitées, après le labour, pour l'ameublissement ou pour le nettoyage du sol, et pour son bon entretien depuis les semailles jusqu'à la récolte, sont : le *hersage*, ou l'ameublissement du sol à l'aide des différentes herses, opération que l'on pratique souvent dans la culture des céréales et après les labours ; — le *binage*, ou l'ameublissement du sol autour des plantes sarclées à l'aide de la binette, de la ratissoire, de la herse à la main, de la houe ; — le *sarclage* ou la destruction des herbes nuisibles aux céréales et aux plantes cultivées en lignes, à l'aide du sarcloir, de l'extirpateur ou du scarificateur ; — le *buttage,* ou l'accumulation de la terre au pied des plantes qui ont besoin d'être buttées.

9. Ces diverses opérations se font le plus souvent au printemps, lorsque la terre n'est ni trop sèche ni trop humide ; mais on les répète aussi fréquemment qu'on les juge nécessaires au développement des plantes. — Il faut arracher les mauvaises herbes avant l'époque où leur semence arrive à maturité. — Plus un sol est remué, plus il est perméable à l'air, à la chaleur, à l'eau, plus il est débarrassé des plantes nuisibles à la culture.

Questionnaire.

1. Qu'appelle-t-on labours?

2. Comment s'exécutent-ils?

3. Combien y a-t-il de sortes de labours? — Qu'est-ce que le labour à plat? — en planches? — en billons?

4. Quelles sont les règles à suivre dans toute espèce de labour?

5. Qu'y a-t-il à observer relativement au nombre et à la profondeur des labours?

6. A quelle époque se pratiquent les labours?

7. Qu'est-ce que le défoncement? — Comment s'exécute-t-il? — A quelle époque?

8. Quelles sont les façons les plus usitées après le labour? — Parlez du hersage; — du binage; — du sarclage; — du buttage.

9. A quelle époque se font ces opérations?

CHAPITRE XIV.

Les semailles. — Semailles à la volée, au semoir. — Choix des semences. — Chaulage. — Conditions à observer dans les semailles. — Opérations à exécuter à la suite de l'ensemencement. — Transplantation.

1. Semailles. — Quand le sol est convenablement amendé, ameubli par les labours et nettoyé des mauvaises herbes, il reste à l'ensemencer, c'est-à-dire à y déposer les graines qui doivent y germer et y reproduire les plantes. — C'est généralement, en effet, sous la forme de semences ou de graines, que les cultivateurs confient à la terre les plantes qu'ils se proposent de cultiver. C'est l'opération que l'on appelle *semailles* ou *semis*. « Blé bien semé est à demi récolté, » dit un proverbe ; cela prouve de quelle importance est cette opération.

2. Il y a deux manières de semer : à la *volée* et en *ligne*, ou au *semoir*.

Semer *à la volée* ou *à la main*, c'est répandre les graines tout autour de soi à mesure que l'on s'avance sur le terrain. — Quand on sème à la volée, ce qui est le procédé le plus employé, on doit faire en sorte que les graines soient réparties aussi également que possible sur toute la surface du sol. Il faut, dans ce but, semer par un temps calme.

3. L'ensemencement en *ligne*, qui se fait volontiers au semoir[1], consiste à distribuer les graines en lignes régulières dans des sillons qu'on écarte à volonté. — Les graines ainsi enfouies à la même profondeur, soit seules, soit mêlées à un engrais en poudre. (si l'état du sol l'exige), sont dans les meilleures conditions pour lever. Ce pro-

---

1. Le semoir consiste en une caisse montée sur roues, et dans laquelle on place le grain, qui en sort d'une manière égale par des tuyaux en tôle ou en fer-blanc, pendant que la machine avance.

cédé permet, en outre, d'économiser un tiers au moins de la semence.

4. Il importe de bien choisir les semences et de ne se servir, autant que possible, que de semences propres, c'est-à-dire pures de mélange avec d'autres, et provenant de plantes saines et vigoureuses. — A quelques exceptions près, les semences nouvelles sont préférables aux anciennes. — Il est bon, dans quelques cas, de les changer, ou de les faire venir d'un autre lieu.

5. Il est souvent nécessaire aussi, pour préserver les graines des maladies auxquelles elles sont exposées, de les saupoudrer préalablement avec de la chaux, ou de les faire tremper dans une dissolution composée d'un litre et demi de chaux pulvérisée, d'un demi-kilogramme de sel, et de huit à dix litres d'eau pour un hectolitre de blé. — On peut, par économie, remplacer le sel par un demi-litre de cendres, ou se servir de sulfate de soude dissous dans l'eau (85 grammes par litre). — Cette opération, qu'on nomme *chaulage* ou *sulfatage* des grains, a pour but de préserver le blé de la carie, du charbon, etc.

Le *pralinage* est une autre préparation analogue, qui consiste à saupoudrer les grains préalablement arrosés d'eau ou d'urine, d'un engrais en poudre, tel que le noir animal.

6. L'époque à laquelle il faut semer, la quantité de semence à employer, la profondeur à laquelle elle doit être enterrée, dépendent de la température, de la nature du terrain, de celle des plantes. — Il vaut mieux, en général, se hâter que de se mettre en retard, surtout pour les semences du printemps. — Relativement à la quantité, il faut d'autant moins de grains qu'ils sont de meilleure qualité, et que la plante est mieux appropriée au sol; il en faut moins dans les sols riches que dans les sols pauvres. — Enfin, en ce qui concerne la profondeur à laquelle on doit enfouir les semences, plus le terrain est léger, plus le climat est chaud, plus il faut semer profondément. Il ne faut pas cependant que les graines soient enfouies assez profondément pour être privées d'air, ni assez peu pour être exposées à la lumière, qui est nuisible à la germination.

On peut dire, à l'égard de ces différentes circonstances, que l'expérience est le meilleur guide, et qu'il n'y a aucune règle absolue à établir.

7. L'ensemencement terminé, il faut recouvrir les graines. On emploie dans ce but la herse ou le rouleau, si l'on a semé à la volée, quelquefois même la charrue ou l'extirpateur. — Si l'on a employé le semoir, ce travail est inutile, cette machine étant ordinairement munie d'un instrument qui recouvre la graine au moment de l'ensemencement.— On brise ensuite, si le cas l'exige, les mottes qui ont résisté, à l'aide de la herse et du rouleau, et l'on établit des rigoles d'écoulement pour les eaux de

pluie, en leur donnant une pente et une direction en rapport avec ce but.

8. Transplantation. — *Semer en pépinière* ou *transplanter*, c'est arracher des plantes qui ont déjà atteint un certain degré de développement, pour les transporter dans un autre terrain où elles doivent achever leur croissance. Cette transplantation s'applique particulièrement aux plantes sarclées ou plantées en ligne, comme le tabac, la betterave, les choux, etc.— On trace, à l'aide du rayonneur, des lignes le long desquelles on *repique* la plante, c'est-à-dire qu'on l'enfonce dans un trou fait au plantoir ; ou bien, selon l'état du sol et plusieurs autres circonstances, on se sert de la bêche, de la pioche, de la houe à la main ou même de la charrue.

Questionnaire.

1. Qu'entend-on par semailles ?

2. Combien y a-t-il de manières de semer ?

—Comment s'y prend-on pour semer à la volée ?

3. — pour semer au semoir ?

4. Qu'y a-t-il à observer quant au choix des semences ?

5. Quelles sont les précautions à prendre pour les préserver des maladies auxquelles elles sont exposées ? — Qu'est-ce que le chaulage ? — le pralinage ?

6. Quelles sont les considérations à observer quant à l'époque des semailles ? — à la quantité des semences à employer ? — à la profondeur à laquelle on doit les enterrer ?

7. Que reste-t il à faire, l'ensemencement une fois terminé ?

8. Qu'est-ce que semer en pépinière ? — Comment se pratique cette opération ?

CHAPITRE XV.

Les récoltes. — Époque à laquelle elles se font. — Principales récoltes. — Fenaison : fauchage et fanage. — Moisson. — Battage. — Nettoiement et conservation du grain. — Maladies les plus communes des récoltes. — Animaux nuisibles aux plantes.

1. Récoltes. — On désigne sous le nom de *récoltes* les opérations qui ont pour objet de séparer les plantes du sol, et de les mettre en état d'être conservées plus ou moins longtemps sans altération.

2. Toutes les plantes ne se récoltent pas à la même époque de la végétation. Celles qui sont cultivées pour la semence, comme les céréales, ne se récoltent que lorsque le grain est mûr ou un peu de temps avant, pour éviter l'égrenage ou la chute des grains. Celles qui sont cultivées pour la tige et les feuilles, comme les plantes fourragères, se récoltent au commencement de la floraison. Celles dont on veut utiliser les racines ou les tubercules se récoltent quand ces parties ont atteint tout leur développement.

3. Les principales récoltes agricoles sont la *fenaison,* ou récolte des fourrages, et la *moisson,* ou récolte des céréales[1].

4. La *fenaison* comprend deux opérations distinctes, le *fauchage* et le *fanage.*

Le *fauchage* ou la coupe des prés se fait à la faux, à la sape (autre espèce de

---

1. Nous parlerons ailleurs des vendanges, qui ne rentrent pas dans les travaux agricoles proprement dits.

faux à manche court et droit), à la faucille ou avec des instruments plus compliqués qu'on nomme *faucheuses*.

Le *fanage* a pour objet de retourner et d'éparpiller, à l'aide de fourches et de râteaux, l'herbe fauchée pour la faire sécher. — On se sert aussi, pour accélérer cette opération, de deux instruments qu'on nomme le râteau à cheval, et le faneur mécanique, également traîné par des chevaux.

On nomme *regain* la deuxième et la troisième récolte de foin que donnent les prairies.

5. La *moisson* se fait à la faucille, à la sape ou à l'aide des *moissonneuses*, machines mues par des chevaux, et qui ne sont guère en usage que dans les grandes exploitations.

6. Les plantes à récolter, après avoir été coupées, sont mises en javelles ou répandues par poignées sur le sol pour y laisser leur humidité, puis liées en gerbes, mises en meules et engrangées, procédés

de dessiccation qui varient suivant les plantes et le climat.

7. On nomme *battage* l'opération par laquelle on détache le grain de l'épi des céréales par le fléau, par les pieds des animaux (*dépiquage*), par le rouleau, par les machines à battre.

8. Le nettoiement du grain battu s'opère soit en jetant le grain contre le vent à l'aide d'une pelle, soit avec l'espèce de crible appelé *van*, soit enfin à l'aide du *tarare*, machine qui réunit l'action du van à celle du crible.

9. Les grains demandent à être conservés à l'abri de l'humidité dans des greniers où l'air circule librement, étendus en couches le moins épaisses qu'il sera possible, et remués plusieurs fois par semaine. — Les fourrages se conservent en meules ou dans les fenils ; — les racines et les tubercules dans des caves, ou dans des fossés couverts qu'on nomme *silos*.

10. Maladies des plantes. — Les plantes ont à redouter, soit pendant le cours de la végétation, soit après leur récolte, différentes sortes de maladies et plusieurs animaux nuisibles.

Les *maladies* les plus communes sont : la *rouille*, poussière rougeâtre qui recouvre les plantes et les fait dépérir ; — la *carie*, le *charbon*, qui changent le grain en une poussière noirâtre, et l'*ergot*, sorte d'excroissance dure comme de la corne ; — le *miellat*, épanchement d'une liqueur sucrée à l'extérieur ; — la *coulure*, maladie des plantes, dont la poussière fécondante est, à l'époque de la floraison, délayée et entraînée par les pluies. — Ces maladies, qui naissent de la mauvaise qualité des semences, ou des conditions défavorables dans lesquelles se trouvent les plantes par rapport au climat, au genre de culture, ne peuvent être combattues efficacement que par une appréciation raisonnée de leurs causes et par une culture bien entendue.

11. Animaux nuisibles aux plantes. — Les animaux les plus nuisibles aux plantes sont : les *pucerons* et les *puces* de terre (altises), les *chenilles* et les *limaces*, le *ver blanc* du hanneton et les *courtilières*, les *souris* et les *mulots ;* et dans les amas de grains divers insectes qui les dévorent, tels que les *charançons*, les *alucites*, les *fausses teignes, etc.* — On tue leurs œufs, on détruit leurs nids, on enfume ou l'on inonde leurs terriers, on leur tend des piéges, on veille à la propreté et au bon entretien des grains par les précautions que nous avons indiquées.

Questionnaire.

1. Qu'appelle-t-on récoltes ?

2. A quelle époque les plantes se récoltent-elles ?

3. Quelles sont les principales récoltes ?

4. Quelles sont les opérations de la fenaison ? — Comment se fait le fauchage ? — le fanage ? — Que nomme-t-on regain ?

5. Comment se fait la moisson ?

6

6. Que fait-on des plantes coupées ?

7. Que nomme-t-on battage ?

8. Comment s'opère le nettoiement du grain ?

9. Comment se conservent les grains ?

10. Qu'est-ce que les plantes ont à redouter soit avant, soit après la récolte ? — Quelles sont les maladies les plus communes des plantes ?

11. Quels sont les animaux les plus nuisibles aux plantes ?

CHAPITRE XVI.

De la succession des cultures ou assolement. — Soles et rotation. — Plantes épuisantes et plantes fertilisantes. — De l'assolement triennal et de la jachère. — De l'assolement alterne. — Des récoltes dérobées.

1. Toutes les plantes ne puisent pas dans le sol les mêmes matières, mais seulement celles qui sont à leur convenance. Il suit de là qu'une plante cultivée sans interruption dans le même terrain, finit par lui enlever tous les principes que ce terrain pouvait lui fournir, et ne peut plus y pros-

pérer. D'où la nécessité d'adopter dans toute exploitation rurale ce qu'on appelle un système de culture, c'est-à-dire de faire succéder une culture à une autre dans le même sol.

2. Assolement. — On appelle *assolement* la division des terres en plusieurs parties ou *soles*, destinées à recevoir chacune une culture particulière; et *rotation*, l'ordre suivant lequel les plantes se succèdent et reviennent sur la même sole.

3. Dans le choix de ces plantes, il faut avoir égard à leur influence sur celles qui leur succéderont, et à la nature du sol. — Il y a des plantes *fertilisantes* : telles sont celles qui restituent au sol, par leurs débris, plus qu'elles ne lui ont emprunté, et qui étouffent les mauvaises herbes; exemple : la luzerne, le trèfle, etc. Il y en a d'*épuisantes* ou qui appauvrissent le sol en lui empruntant plus qu'elles ne lui rendent : tels sont le tabac, le chanvre, le blé, etc.

On comprend par là qu'il est nécessaire,

si l'on ne veut épuiser le sol, de faire succéder aux plantes épuisantes les plantes améliorantes.

4. Les deux modes d'assolement les plus usités sont l'assolement *triennal* et l'assolement *alterne*.

L'*assolement triennal*, ou de trois ans, consiste à diviser le terrain en trois soles, dont chacune reçoit successivement : la première année, du blé ou du seigle ; la seconde, de l'orge ou de l'avoine : le sol restant en *jachère*, c'est-à-dire sans culture, pendant la troisième.

5. Ce mode d'assolement fondé sur la croyance où l'on était jadis que la terre a besoin de se reposer après deux récoltes, est aujourd'hui regardé comme vicieux, bien qu'encore fréquemment usité. La terre a besoin de changement, mais n'a nul besoin de repos, car elle ne se repose jamais. Quand on la laisse en jachère, elle produit des mauvaises herbes qui nuisent aux récoltes suivantes, et quand on rem-

place cette jachère, par exemple , par des plantes sarclées fumées convenablement, on en retire d'abondants produits, et la terre, loin d'y perdre, y a gagné. — La jachère a enfin l'inconvénient de diminuer beaucoup la nourriture des bestiaux, et par suite l'engrais.

6. La jachère ne devrait donc être employée que lorsqu'on manque du fumier nécessaire aux plantes sarclées, ou lorsqu'elle est rendue nécessaire par l'abondance des mauvaises herbes. En ce cas même il suffit souvent d'une demi-jachère, c'est-à-dire d'une moitié de la belle saison, pour nettoyer le sol. En aucune circonstance il ne faut laisser venir une herbe à graine dans les terres en repos; des hersages, des labours, y seront pratiqués selon l'occasion.

7. L'*assolement alterne* est celui dans lequel les plantes améliorantes succèdent alternativement aux plantes épuisantes , les plantes sarclées, qui nettoient le sol, aux plantes *salissantes* ou qui favorisent les mauvaises herbes, comme les céréales.

8. L'alternat peut être de deux, quatre ou six ans. L'alternat quadriennal ou de quatre ans est regardé comme la base de l'assolement. Les assolements à terme court ont l'inconvénient de ramener trop souvent les mêmes végétaux sur le même sol, ce qui l'épuise et le salit. — L'assolement alterne n'admet la jachère qu'exceptionnellement, dans les cas où l'on croit ne pouvoir s'en passer.

9. Voici un exemple d'assolement alterne quadriennal :

Première année, plantes sarclées (pommes de terre, betteraves, etc.);

Deuxième année, orge, avoine, etc.;

Troisième année, trèfle, sainfoin ou autre fourrage ;

Quatrième année, blé.

10. On commence, dans l'exemple précédent, l'assolement par les plantes sarclées, parce qu'elles exigent des travaux

ameublissants, et des engrais qui préparent le sol aux autres cultures. — On peut d'ailleurs remplacer une récolte par une autre, s'il en est besoin ; et avant de faire choix d'un assolement il faut tenir compte de toutes les circonstances qui doivent décider de la durée plus ou moins longue de la rotation, comme la nature du sol, l'abondance ou la rareté des engrais et des fourrages, le bas prix ou la cherté de la main-d'œuvre, la proximité ou l'éloignement d'un marché.

11. On appelle *récolte dérobée* celle que l'on fait dans la même année, à la suite d'une autre. Ainsi, le sarrazin peut être cultivé de cette manière après la récolte du colza.

12. Si toutes les plantes mûrissaient en même temps, le cultivateur ne pourrait suffire aux travaux de la récolte. Il faut donc combiner les différentes cultures de manière à répartir ces travaux sur plusieurs saisons, ou à pouvoir aussitôt après l'achèvement d'une récolte, disposer le sol à celle qui doit la remplacer.

Questionnaire.

1. Les mêmes plantes peuvent-elles être cultivées sans interruption dans le même terrain ? — Qu'appelle-t-on système de culture ?

2. Qu'appelle-t-on assolement ? — soles ? — rotation ?

3. A quoi faut-il avoir égard dans le choix des plantes ? — Qu'appelle-t-on plantes fertilisantes ? — épuisantes ?

4. Quels sont les deux modes d'assolement les plus usités ? — Qu'est-ce que l'assolement triennal ?

5. Que faut-il penser de ce mode d'assolement ?

6. A quels cas faudrait-il restreindre l'emploi de la jachère ? — Quelles précautions y a-t-il à prendre dans un sol en jachère ?

7. Qu'est-ce que l'assolement alterne ?

8. De quelle durée est l'alternat ?

9. Donnez un exemple d'assolement alterne quadriennal.

10 Pourquoi commence-t-on dans cet assolement par les plantes sarclées ?—Peut-on remplacer une récolte par une autre ? — Ne faut-il pas tenir lieu de plusieurs circonstances dans le choix de l'assolement ?

11. Qu'appelle-t-on récolte dérobée ?

12. Quelles précautions y a-t-il à prendre relativement à la combinaison des différentes cultures ?

TROISIÈME PARTIE.

CULTURE SPÉCIALE DES PLANTES AGRICOLES.

CHAPITRE XVII.

Division des plantes agricoles. — Plantes alimentaires. — Plantes farineuses. — Céréales. — Le blé. — Le seigle. — Leurs variétés. — Leur culture.

1. Dans ce qui précède nous avons parlé des principes et des procédés de l'agriculture considérée en général ; il nous reste à traiter des plantes agricoles les plus importantes, et des soins particuliers que réclame leur culture.

2. Nous diviserons les plantes agricoles ou cultivées dans les champs en trois classes : 1° plantes *alimentaires*, 2° plantes *fourragères*, 3° plantes *industrielles* ou *commerciales*.

3. Plantes alimentaires. — Les plantes *alimentaires* ou destinées à la nourriture de l'homme et des animaux, se subdivisent en plantes *farineuses* et en plantes *sarclées*.

4. Plantes farineuses. — Au premier rang des plantes qui fournissent à l'homme un aliment farineux sont les *céréales* ou *graminées*, essentiellement cultivées pour leurs graines, et dont la tige s'emploie aussi à l'état de paille comme litière, etc. — Les principales espèces cultivées en France sont : le *blé*, le *seigle*, l'*orge*, l'*avoine*, le *maïs*, etc.

5. Le blé ou froment. — Le *blé* est la plus utile des céréales, celle qui fournit le meilleur pain. — On peut diviser les nombreuses variétés de froment cultivées en *froments d'hiver*, qui se sèment en automne, et en *froments de printemps*, qui se sèment en mars, ou quand la terre le permet. Ces derniers ne sont guère employés qu'à défaut des premiers, ou quand le froment d'hiver n'a pas réussi.

6. On distingue encore des blés *durs* et des blés *tendres*. — Les blés *durs* résistent sous la dent; leur cassure grise ressemble à de la corne. Ils se conservent bien et font un pain très-nourrissant. — Les blés *tendres* ont l'intérieur plus farineux et s'écrasent facilement : ils rendent plus de farine que les précédents. — L'*épeautre* est une espèce dont le grain ne se sépare pas de son enveloppe par le simple battage. On ne le cultive guère que dans les pays montueux et froids.

7. C'est dans les terres franches ou dans les sols composés d'argile et de sable, ou d'argile et de chaux, que le blé se plaît le mieux. — Il succède à une plante sarclée ou fourragère, ou au sarrasin.

8. Le blé est l'une des plantes les plus difficiles sur le choix des semences. On se sert ordinairement de semences récoltées l'année précédente. — Le grain, après avoir été bien nettoyé et soumis au chaulage, est semé à la volée ou au semoir, procédé moins usité, quoique plus économique. Ainsi, on emploie en moyenne deux à deux hectolitres et demi de semence par hectare quand on sème à la volée, un hectolitre et demi quand c'est au semoir.

9. Le blé semé à la volée doit être recouvert par un hersage qu'on recommence au printemps. Le rouleau peut être nécessaire dans les terres légères. — Pendant la végétation on sarcle, c'est-à-dire que l'on arrache les mauvaises herbes, chardons, ivraies, nielles et autres plantes nuisibles aux récoltes.

10. Les blés sont coupés un peu avant leur pleine maturité pour empêcher les épis de s'égrener, à la faux, à la faucille ou à la sape. Puis on les laisse quelque temps à l'air, en javelles, en gerbes, en meulettes, pour les faire sécher et donner aux grains le temps de mûrir.

11. Le seigle. — Le *seigle*, la plus utile des céréales après le blé, fournit, outre son grain, un bon fourrage et une abon-

dante litière. — On en connaît plusieurs
variétés : le *seigle commun* ou *d'automne* ;
le *seigle de mars* ou *de printemps*, qu'on
sème principalement pour la paille ; et le
seigle multicaule, ainsi nommé parce qu'il
donne beaucoup de tiges.

12. Le seigle peut croître dans des terres
où ne vient pas le blé. Il n'exige pas autant
d'engrais, supporte le froid et se plaît dans
les sols secs, sablonneux, convenablement
ameublis. — Son assolement ou la place
qu'il occupe dans la rotation est la même
que celle du blé.

13. La semence du seigle n'a pas besoin
d'être chaulée; mais on la soumet souvent,
pour lui donner plus de force, au pralinage. Sa culture ne diffère pas de celle du
froment, mais il se sème plus tôt. — On
emploie deux à deux hectolitres et demi
de semence par hectare, terme moyen, quand
on sème le seigle commun. L'espèce du
printemps en demande plus, le seigle
multicaule moins. Ce dernier se sème en

juin, pour être converti en fourrage frais à la fin de l'automne, ou être enfoui en qualité d'engrais.

14. Le *méteil* est un mélange d'un tiers de froment et de deux tiers de seigle, qu'on a semés ensemble. — Le pain que l'on fait avec le méteil est plus nourrissant que le pain de seigle pur, et se conserve long-temps frais.

L'ergot ou cette excroissance qui vient sur le grain du seigle lui communique des propriétés vénéneuses.

Questionnaire.

1. De quoi nous reste-t-il encore à parler ?

2. Comment divise-t-on les plantes agricoles?

3. Comment les plantes alimentaires se subdivisent-elles ?

4. Quelles sont les plantes alimentaires les plus importantes ? — Dans quel but cultive-t-on les céréales ? — Quelles sont leurs principales espèces ?

5. Quelle est la plus utile des céréales ? — Citez les principales variétés de froment.

6. N'y a-t-il pas encore d'autres variétés de blé ? — Quelle différence y a-t-il entre les blés

durs et les blés tendres ?
— Qu'est-ce que l'épeautre ?

7. Dans quelles terres le blé se plaît-il le mieux ?

8. Qu'y a-t-il à observer relativement aux semences? — A quelles précautions doivent-elles être soumises? — Dans quelles proportions faut-il les employer?

9. Que faut-il faire après l'ensemencement à la volée ?

10. Quels soins y a-t-il à prendre des récoltes ?

11. De quelle utilité est le seigle? — Citez ses principales variétés.

12. Dans quelles terres croît le seigle ?

13. Qu'avez-vous à dire de la semence du seigle? — de sa culture? — de la quantité de semence à employer ?

14. Qu'est-ce que le méteil? — Qu'en fait-on? — L'ergot présente-t-il des dangers pour la santé ?

CHAPITRE XVIII.

Suite des plantes farineuses. — L'orge. — L'avoine. — Le maïs. — Le millet. — Le sorgho. — Le sarrasin. — Leurs variétés. — Leur culture.

1. L'orge. — *L'orge* sert surtout dans la fabrication de la bière. Dans quelques parties de la France on en nourrit les bestiaux. Coupée en vert, c'est un bon fourrage. Sa farine, si elle n'est mêlée à celle du blé, ne donne qu'un pain grossier.

2. Il y a des *orges d'hiver*, qui se sèment en septembre, telles que l'*orge commune* et l'*escourgeon*, variétés très-productives ; — des *orges de printemps* ou *de mars*, comme la *grande orge* et l'*orge nampto*, variété nouvelle très-productive, en fourrage vert notamment.

3. C'est dans les terres de moyenne consistance, ni trop fraîches ni trop humides et bien ameublies, que l'orge prospère le mieux. — Elle mûrit avant les autres céréales. — C'est après les plantes sarclées qu'elle réussit de préférence, quoiqu'elle puisse succéder à une autre céréale.

4. Il faut préserver ce grain de l'humidité, qui le fait germer. — On en emploie deux à trois hectolitres par hectare, terme moyen.

5. L'avoine. — Le grain de l'*avoine* est spécialement destiné aux chevaux. Quoique son gruau se mange dans quelques contrées, sa farine donne un pain de mauvaise qualité. Sa paille fournit un assez bon fourrage sec pour les bêtes à laine.

6. Il y a des variétés d'avoine à *grain blanc* et des variétés à *grain noir ;* ces dernières sont les plus nourrissantes. Il y a aussi l'*avoine commune* ou *de printemps*, et l'*avoine d'hiver*, très-productive.

7. L'avoine s'accommode de tous les terrains, excepté de ceux qui sont trop secs. Elle prospère surtout dans les terres nouvellement défrichées et dans les terres à blé. Toutefois c'est une mauvaise pratique que de la faire succéder à cette dernière céréale ; c'est après les plantes sarclées ou les fourrages artificiels qu'elle doit venir.

8. Il faut, selon la variété employée, de deux à quatre hectolitres de grains par hectare.

9. Le maïs[1].— La farine de *maïs* fournit à l'homme une bonne nourriture. On l'em-

---

1. Improprement appelé *blé de Turquie*, car il est originaire de l'Amérique du Sud.

ploi principalement en bouillie ou en gâteau. Son grain engraisse en peu de temps la volaille. Ses feuilles sont employées à l'état frais, ou plus souvent sèches, comme fourrage ou comme litière.

10. On cultive plusieurs variétés de maïs. Il y en a à grains jaunes et à grains blancs ; il y a des *maïs d'été* qui mûrissent à la fin d'août, des *maïs d'automne* qu'on récolte à l'arrière-saison. Les deux variétés les plus cultivées sont le *grand maïs jaune* ou *maïs ordinaire*, et le *maïs quarantain*, le plus précoce.

11. Le maïs se plaît dans les climats chauds, et dans les terres argilo-calcaires bien ameublies et bien fumées. — C'est une plante épuisante, qui peut venir après le blé ou le seigle, mais qui ne doit pas les précéder.

12. Par son mode de culture le maïs appartient aux plantes sarclées, c'est-à-dire qu'on la sème en lignes, à la distance de cinquante centimètres et plus en tous

sens. Quand on veut la récolter en vert comme fourrage, on la sème à la volée.

13. Le millet, le sorgho. — Il y a deux espèces de graminées qui pourraient être rangées parmi les plantes fourragères ou parmi les plantes sarclées : ce sont le *millet* et le *sorgho*. La culture et les usages de ces plantes sont les mêmes que ceux du maïs. — La tige d'une espèce particulière de sorgho fournit d'excellents balais.

14. Le sarrasin. — Le *sarrasin*, improprement appelé *blé noir* quoiqu'il n'appartienne pas à la famille des céréales, sert, par sa graine farineuse, de nourriture à l'homme et aux bestiaux. — On peut aussi l'enfouir pendant la floraison comme engrais, ou l'employer comme fourrage vert. Sa paille fournit une bonne litière et un fumier fertilisant.

15. Le sarrasin vient dans les terres sablonneuses les moins fertiles, et où toute autre culture réussirait difficilement. Sous ce rapport il est d'une grande utilité à certaines contrées ; mais il redoute les trop fortes variations atmosphériques, et il périt également sous l'influence des gelées, des pluies persistantes ou des sécheresses prolongées.

16. On le sème en mai, quand on n'a plus rien à craindre des gelées tardives. Il n'a d'ailleurs besoin que de passer trois mois en terre. — On le sème aussi à la suite d'une autre récolte de la même année, orge ou seigle, comme culture dérobée. — La quantité de semence nécessaire varie d'un demi-hectolitre à un hectolitre par hectare, selon qu'on veut le récolter en vert ou en graine [1].

1. Il est des plantes *légumineuses* ou à gousse, telles que les haricots, les fèves, les pois, qui fournissent également des graines farineuses et qui sont aussi admises dans la culture des champs ; mais comme elles font essentiellement partie de la culture potagère, c'est à l'occasion de cette dernière que nous en parlerons.

Questionnaire.

1. A quoi sert l'orge ?

2. Y a-t-il plusieurs variétés d'orge ?

3. Dans quelles terres l'orge prospère-t-elle le mieux ?

4. Quelle précaution exige sa graine ? — Combien en emploie-t-on dans l'ensemencement ?

5. A quoi sert l'avoine ?

6. Y a-t-il plusieurs variétés d'avoine ?

7. Dans quels terrains l'avoine se plaît-elle le plus ?

8. Combien faut-il d'avoine pour l'ensemencement ?

9. A quoi sert le maïs ?

10. Y a-t-il plusieurs variétés de maïs ?

11. Dans quel sol le maïs se plaît-il le mieux ?

12. De quelle manière se cultive-t-il ?

13. Qu'avez-vous à dire du millet et du sorgho ?

14. A quoi sert le sarrasin ou blé noir ?

15. Dans quels terrains vient-il ?

16. Quand le sème-t-on ? — Combien faut-il de semence ?

CHAPITRE XIX.

*Plantes sarclées. — La pomme de terre. — La bet-
terave. — Leurs variétés. — Leur culture. —
Leur récolte. — Autres plantes sarclées.*

1. Plantes sarclées. — On désigne ordinairement sous le nom de *plantes sarclées*
celles que l'on cultive en lignes, ce qui
permet de leur donner le *sarclage* dont elles
ont besoin. Les racines ou les tubercules
en forment communément le principal
produit. Tels sont, pour ne parler que des
espèces que l'on cultive dans les champs, la
pomme de terre, le *topinambour*, la *betterave*, la *carotte*, le *navet*.

2. La pomme de terre. — La *pomme de
terre*, la plus utile de toutes les plantes de
cette classe, se cultive pour ses tubercules,
qui fournissent une excellente nourriture
à l'homme et aux bestiaux et qui constituent une précieuse ressource dans la di-

sette des céréales. Ces tubercules servent aussi à la fabrication de la fécule, de la glucose (sirop de pomme de terre) et de l'eau-de-vie. Ses fanes peuvent être aussi mangées comme fourrage vert par les bêtes bovines.

3. Il y a plusieurs variétés de pommes de terre : les unes sont précoces, les autres tardives. Les premières mûrissent en été, les secondes en automne. — Quoiqu'elles viennent dans tous les terrains, à moins qu'ils ne soient trop compactes ou trop humides, c'est dans les terres légères, sablonneuses, convenablement fumées, qu'elles réussissent le mieux. — Elles succèdent ordinairement aux céréales, mais elles ne doivent pas précéder les plantes d'une nature analogue à la leur, ni les céréales d'hiver.

4. On reproduit la pomme de terre soit par les graines, soit par les tubercules, soit même par les germes ou *yeux* qui existent à leur surface. — Quand on se sert des tubercules (ce qui est le procédé le plus usité), il faut les prendre d'une grosseur moyenne et sains.

5. On les plante à la charrue, ce qui est plus expéditif, en ouvrant une raie dans laquelle on les dépose, ou dans des trous ouverts à la houe, procédé plus coûteux mais plus productif, à la distance de 40 à 80 centimètres en tous sens. — On en emploie en moyenne huit à douze hectolitres par hectare, suivant que le sol est plus ou moins riche.

6. Il faut aux pommes de terre des labours, des sarclages, des buttages et des binages répétés. — L'arrachage se fait à la main, à l'aide du hoyau, de la houe ou même de la charrue. — On doit les rentrer aussi sèches que possible, et les garantir de l'humidité et du froid, soit dans des caves, soit dans des *silos* ou fossés recouverts.

7. On ne connaît guère d'autre moyen de préserver ces tubercules de la maladie

qui les atteint fréquemment qu'en les semant de bonne qualité, en leur donnant tous les soins que réclame une bonne culture, et en éloignant leur rotation dans le système de culture qu'on aura choisi.

8. La betterave. — La *betterave* est cultivée pour sa racine, que mange le bétail et avec laquelle on fabrique du sucre. — Ses feuilles, qu'on peut couper plusieurs fois pendant la végétation, se donnent aussi aux bestiaux.

9. Ses principales variétés sont : la *betterave blanche* ou *de Silésie*, la plus riche en matière sucrée ; la *betterave jaune*, et la *betterave champêtre* ou *disette*, à racine très-volumineuse, rouge ou rosée, recherchées l'une et l'autre pour la nourriture des bêtes bovines.

10. La betterave réussit de préférence dans les terres à blé, dans les terrains de moyenne consistance, profonds, un peu humides, bien ameublis et bien fumés. — L'ensemencement se fait en avril par deux ou trois graines, soit en place dans des trous faits à la pioche, soit en pépinière quand on veut repiquer.—Le repiquage se fait un ou deux mois plus tard, au plantoir ou à la charrue, en lignes espacées de 50 centimètres en tous sens.—Cette méthode est préférable au semis à la volée ou même au semoir.

11. Le sol, préparé par deux ou trois labours, est plus tard butté et sarclé autant que son état l'exige.

L'arrachage se fait à la fin de l'automne, à la main ou à la charrue.

L'emmagasinement doit s'opérer dans les mêmes conditions que celui des pommes de terre.

12. **Autres plantes sarclées.** — Plusieurs espèces de *carottes* et de *navets*, le *panais*, le *topinambour*, sont aussi admis dans la grande culture pour leurs racines, qui servent de nourriture à l'homme et au bétail pendant l'hiver. C'est ce qu'on appelle en agriculture *racines fourragères*.

— Les *choux* ont les mêmes usages et sont cultivés de même dans les champs. — La culture de ces différentes plantes ne diffère pas essentiellement de celle des plantes sarclées, dont nous avons parlé précédemment. Il en sera question de nouveau en traitant du jardin potager, où l'on cultive aussi leurs différentes variétés comme légumes.

Questionnaire.

1. Que désigne-t-on sous le nom de plantes sarclées? — Quels produits en tire-t-on? — Quelles sont leurs principales espèces?

2. Quels produits fournit la pomme de terre?

3. Y a-t-il plusieurs variétés de pommes de terre?

4. Comment reproduit-on cette plante?

5. Quel procédé emploie-t-on pour les planter?

6. Quels soins exige leur culture? — leur récolte?

7. Connaît-on le moyen de les préserver de la maladie qui les atteint fréquemment?

8. Que fait-on de la betterave?

9. Quelles sont ses principales variétés?

10. Dans quelle terre réussit-elle le mieux? — Comment les sème-t-on? — Comment se fait le repiquage?

11. Quels soins exige leur culture? — Quand se fait l'arrachage? — Quels soins exige l'emmagasinement?

12. N'y a-t-il pas encore d'autres plantes sarclées admises dans la grande culture?—Quels soins exigent-elles?

CHAPITRE XX.

Plantes fourragères.— Prairies naturelles ; plantes qu'elles contiennent ; soins qu'elles réclament. — Prairies artificielles. — Principales espèces de plantes fourragères. — Le trèfle. — La luzerne. — Le sainfoin. — Autres espèces. — Fauchage et fanage.

1. Plantes fourragères. — On nomme *plantes fourragères* celles dont on récolte la tige et les feuilles pour la nourriture des bestiaux. — Les terrains sur lesquels on cultive ces plantes s'appellent *prairies.*

Les prairies se distinguent en *naturelles* ou *permanentes,* et *artificielles* ou *temporaires.*

2. Prairies naturelles. — On appelle *prairies naturelles* ou *permanentes* celles qui se reproduisent d'elles-mêmes, et qui n'exigent presque pas de culture. C'est le moyen d'utiliser les terrains pauvres, difficiles à travailler, sujets à être inondés. — Quand l'herbe trop courte pour être fauchée, est consommée sur place par les troupeaux, ce sont des *pâturages* ou des *pacages*.

3. Les prairies naturelles sont occupées par des plantes de la famille des graminées, telles que le pâturin, le vulpin, le brome, la fléole, la flouve, la brize, etc.

4. Les seuls soins que réclament les prairies naturelles sont : l'assainissement, si elles sont humides ; des irrigations si elles sont sèches ; — l'arrachage ou le hersage des mauvaises herbes ; — dans un certain nombre de cas, des amendements et des fumages appropriés au sol ; — enfin, on ensemence les places vides avec des graminées appropriées au sol.

5. Prairies artificielles. — On appelle *prairies artificielles* ou *temporaires* celles où l'on sème une espèce de plante fourragère que l'on y récolte pendant un certain temps, au bout duquel elles font place à d'autres cultures.

6. Les plantes cultivées dans les prairies artificielles appartiennent à la famille des légumineuses, qui, tirant leur principale nourriture de l'air par leurs tiges et leurs feuilles, laissent plus de matériaux fertilisants dans le sol qu'elles n'en tirent ; aussi sont-elles un précédent très-avantageux pour toutes les récoltes. — Telle est leur importance sous ce rapport et sous celui du bétail qu'elles nourrissent, que bien des agronomes ont conseillé de leur consacrer la moitié des terres en exploitation.

7. Ces plantes demandent un sol convenablement ameubli par le hersage, le roulage, etc. — On les sème ordinairement au printemps, à l'abri d'une céréale.

8. Les principales espèces de plantes légumineuses cultivées dans les prairies arti-

ficielles sont : le *trèfle*, la *luzerne*, le *sain-foin*.

9. Le trèfle. — Il y a trois variétés principales de trèfles : le *trèfle rouge*, le *trèfle incarnat*, le *trèfle blanc*.

Le *trèfle rouge* ou *commun*, plante bis-annuelle (c'est-à-dire qui dure deux ans), est le plus cultivé. — Il faut huit à douze kilogrammes de semence par hectare, suivant la nature du sol. Il vient de préférence dans les terres argilo-calcaires de moyenne consistance. — Il fournit deux à trois coupes par an.

10. La luzerne. — La *luzerne*, la plus productive des plantes fourragères, demande une terre profonde, ne retenant pas l'humidité qui lui est contraire, débarrassée des mauvaises herbes et fumée d'une manière durable. — On emploie, terme moyen, 24 kilogrammes de semence par hectare. — Une luzernière peut durer 12 à 15 ans et fournit habituellement quatre coupes par an.

11. Le sainfoin. — Le *sainfoin*, moins exigeant sur la nature du sol, réussit mieux dans les terrains pauvres, pourvu qu'il y rencontre un sous-sol calcaire. — On le sème au printemps, dans la proportion de quatre à cinq hectolitres par hectare. — Il ne donne qu'une coupe par an, deux au plus.

12. Autres plantes fourragères. — Les plantes fourragères les plus répandues après les précédentes sont : les *vesces* d'hiver et de printemps, qu'on emploie comme fourrage vert ou sec; — le *ray-grass*, bon fourrage qu'on associe souvent à diverses légumineuses; — la *gesse*, la *spergule*, plantes des terrains sablonneux; — la *lupuline* ou *trèfle jaune*.

On cultive quelquefois aussi, comme plantes à fourrage vert, l'*orge*, l'*avoine*, le *maïs*, le *seigle*, les *féveroles*, etc.

13. Fauchage et fanage. — La récolte des prairies naturelles et artificielles ou la *fenaison*, comprend le *fauchage* et le *fanage*.

On doit faucher à l'époque où les plantes sont en pleine floraison, et les couper le plus près possible du sol.

14. Le fanage, qui a pour objet la dessiccation des fourrages, consiste à éparpiller les andains [1], et à retourner fréquemment l'herbe fauchée, puis à la réunir en petits tas qu'on éparpille de nouveau le lendemain, si la dessiccation n'est pas complète. — Les plantes des prairies artificielles demandent à être maniées avec précaution, parce qu'elles perdent facilement leurs feuilles.

Questionnaire.

1. Que nomme-t-on plantes fourragères? — Comment se distinguent les prairies?

2. Qu'appelle-t-on prairies naturelles? — Pâturages ou pacages?

3. Quelles sont les plantes des prairies naturelles?

4. Quels soins réclament les prairies naturelles?

5. Qu'appelle-t-on prairies artificielles?

6. A quelle famille ap-

1. On nomme *andain* ce qu'un faucheur abat de foin à chaque pas qu'il fait.

partiennent les plantes cultivées dans les prairies artificielles ?— D'où ces plantes tirent-elles leur utilité ?

7. Quels soins faut-il donner au sol des prairies ? — Quand les ensemence-t-on ?

8. Quelles sont les principales espèces cultivées dans les prairies ?

9. Parlez des princi-pales variétés du trèfle ; de leur culture.

10. Parlez de la luzerne.

11. — du sainfoin.

12. — des autres espèces de plantes cultivées dans les prairies.

13. Quelles sont les opérations usitées dans la récolte des prairies ?

14. En quoi consiste le fanage ?—Quelles précautions exige-t-il ?

CHAPITRE XXI.

L'horticulture. — Le jardin potager et le verger. — Opérations horticoles. — Semis. — Couches. — Destruction des animaux nuisibles.

1. L'horticulture est l'art de cultiver les jardins. — Le *jardin potager* ou *à légumes* et le *verger* ou *jardin à fruits* sont deux dépendances nécessaires d'une exploitation agricole. Outre l'utilité dont elles sont

aux habitants de la ferme, elles peuvent être dans quelques circonstances favorables, comme le voisinage d'une grande ville ou d'un chemin de fer, l'objet d'une spéculation avantageuse.

Les principes généraux de l'art agricole pouvant s'appliquer à l'horticulture, nous aurons peu de chose à ajouter à ce que nous avons dit précédemment à cet égard.

2. Il faut pour un bon jardin un terrain plat, meuble, riche en terreau, fortement fumé, à portée de l'eau nécessaire pour l'arrosage des plantes. — Si le sol est trop humide, on l'assainira par le drainage.

3. **Opérations horticoles**. — Les opérations du jardinage sont : le *défoncement*, ou un labour plus ou moins profond qu'on exécute à la bêche dans les terrains où l'on établit un potager pour la première fois ; — les *labours ordinaires*, également à la bêche, et que l'on renouvelle à chaque changement de culture ; — les *serfouissages*, ou labours qu'on exécute autour des

arbres avec une binette ou serfouette ; — les *binages* et les *sarclages*, répétés assez souvent pour ne laisser subsister aucune mauvaise herbe ; — le *fumage*, pour lequel on emploie de préférence le fumier d'écurie ou d'étable très-consommé. — Les *arrosages* sont d'une nécessité indispensable aux jardins. Il faut fréquemment les répéter, à partir du printemps jusque dans une partie de l'automne. L'eau des puits a besoin d'être exposée au soleil avant de servir.

4. Semis. — Les *semis* s'exécutent à la main, à la volée, en lignes. — Ils se font *en place* quand le plant ne doit pas être transplanté ; en *pépinière* dans le cas contraire, c'est-à-dire lorsqu'on doit *repiquer* la plante. — Semer *en planches*, c'est ensemencer des bandes de terre plus ou moins larges, séparées par un petit sentier.

5. Les semis se font pour la plupart au printemps.—Les graines ou les jeunes plants sont préservés du froid par des paillassons ou des abris, par des châssis garnis de vitres, par des cloches en verre ou recouvertes de papier huilé. — Il est des graines qui conservent la propriété de germer pendant cinq à six ans, telles sont les graines de navets, de choux, etc.; d'autres qui peuvent être semées la seconde année, comme les graines de carottes, d'oignons; il en est enfin qu'on préfère nouvelles, par exemple les graines de haricots, de pois, etc. — On ne doit récolter les graines que lorsqu'elles sont bien mûres et sur des sujets vigoureux.

6. Couches. — On appelle *couches* des lits plus ou moins épais de fumier ou d'autres engrais végétaux, susceptibles d'acquérir par la fermentation un degré de chaleur qui active la végétation, et permet d'obtenir des primeurs (légumes, salades, fruits, etc.). — Ces couches durent de six à dix-huit mois, selon les matières dont on les compose. — Il y a des couches chaudes, des couches tièdes et des couches sourdes, c'esta-dire situées au-dessous du niveau du terrain. — Le melon, l'ananas, et généralement tous les végétaux qui n'auraient pas le temps de mûrir dans nos régions froides ou tempérées, ne viennent bien que sur couches.

7. Destruction des animaux nuisibles. — On peut aussi compter parmi les opérations horticoles, en raison de son importance, la destruction de plusieurs espèces d'animaux qui occasionnent de très-grands dégâts dans les jardins. — Nous citerons particulièrement : l'*altise* ou *puce de terre*, qui dévore les choux ; — les *chenilles* de plusieurs papillons, qui occasionnent de grands dommages aux arbres fruitiers ; — les *fourmis*, qui se nichent dans les fruits mûrs ; — les *courtilières* et les *hannetons*, nuisibles surtout à l'état de *larves* ou de *vers blancs*, en rongeant les racines ; — les *pucerons verts*, les *limaces*, les *taupes*, non moins à craindre dans les champs. — On emploie l'eau bouillante pour détruire les nids, le feu pour en éloigner les insectes ; on écrase les larves, les chenilles et leurs œufs ; on tend des piéges ou des appâts empoisonnés. L'expérience enseigne quels sont les procédés qui réussissent le mieux pour chaque espèce.

Questionnaire.

1. Qu'est-ce que l'horticulture? — De quelle utilité sont le jardin potager et le verger dans une exploitation agricole?

2. Quel terrain faut-il à un bon jardin?

3. Quelles sont les principales opérations horticoles, et comment s'exécutent-elles?

4. Comment s'exécutent les semis?

5. Quand doit-on récolter les graines? — A quelle époque se font les semis? — Quels soins réclament les graines ou les jeunes plants?

6. Qu'appelle-t-on couches et quel est leur objet? — leur durée? — leur température?

7. Qu'avez-vous à dire des animaux nuisibles aux jardins? — Quels sont-ils? — Quels procédés emploie-t-on pour les détruire?

CHAPITRE XXII.

Le potager.—Légumes potagers.— Légumes à graines comestibles : haricots, fèves, pois, lentilles. — Légumes à racine tuberculeuse et bulbeuse : carottes, navets, oignons, etc.

1. Légumes potagers. — On divise les légumes du jardin potager en légumes à *graines comestibles;* — légumes à *racine tuberculeuse* ou *bulbeuse;* — légumes à *tiges* ou *feuilles comestibles;* — légumes à *fruits comestibles.*

2. Légumes à graines comestibles. — Les *légumes à graines comestibles* sont : les *haricots*, les *fèves*, les *pois*, les *lentilles.* — Les graines conservées se désignent ordinairement sous le nom de *légumes secs.*

3. Les haricots. — Les haricots se cultivent pour être mangés soit en vert avec la cosse (*haricots verts*), soit sans cosse, à l'état frais ou sec (*haricots blancs*). — Il y a des haricots *ramés*, c'est-à-dire dont la tige grimpante a besoin d'un appui, tels que le *Soissons*, et des haricots *nains*, dont la tige ne s'élève pas et ne réclame pas un appui, tels que le *flageolet*. — Ce sont les premiers que l'on cultive de préférence dans les jardins. — Ces légumes craignent beaucoup l'humidité. — On les plante depuis mai jusqu'à la fin de juin.

4. **Les fèves.** — La *fève* proprement dite, ou *fève de marais*, se cultive comme le haricot, mais elle se sème plus tôt. On la récolte quand la cosse passe du vert au noir violet, ce qui indique la maturité. — La *féverole*, dont le grain est plus petit, est employée à la fois comme aliment pour l'homme, et comme fourrage dans la grande culture.

5. **Les pois.** — Les *pois* sont cultivés pour être mangés soit en vert, avec ou sans leur cosse, soit à l'état sec. — Ils se divisent, comme les haricots, en *pois ramés* et en *pois nains*, les plus estimés. — Le *pois*

gris ou *pois des champs* se cultive aussi comme plante fourragère. — On sème les pois en mars.

6. Les lentilles. — On cultive deux variétés de lentilles : la *grande lentille,* dont la graine est blonde, et la *petite lentille,* à graine rouge. — Cette plante se sème pendant la dernière quinzaine d'avril, dans les terres légères. Outre ses graines, qui sont, comme celles du haricot, très-nourrissantes, on emploie aussi ses tiges comme fourrage.

7. Légumes à racine tuberculeuse et bulbeuse. — Les légumes à *racine tuberculeuse* et *bulbeuse* sont : la *pomme de terre,* la *betterave,* le *topinambour,* dont nous avons déjà parlé ; les *carottes,* les *panais,* les *navets,* les *radis,* les *oignons.*

8. Les carottes, les panais. — Les variétés de carottes cultivées de préférence dans les jardins sont : les carottes *longues* ou *rouges* et les carottes *courtes,* plus précoces. — On les sème au mois de mars, avec des graines de deux ans préférablement. —

Outre leur usage dans l'alimentation, c'est aussi une bonne plante fourragère.

Il en est de même de la racine du *panais*. Quant au *salsifis* et à la *scorsonère* (salsifis à racine noire), ils ne sont d'usage que comme aliments. — Ces deux espèces de plantes peuvent, ainsi que les carottes cultivées pour la provision d'hiver, rester en place jusqu'en hiver.

9. Les navets, les radis.—On cultive plusieurs variétés de navets et de radis : les navets *rond*, *demi-rond*, *long*, blancs tous trois; le *rutabaga* ou navet de Suède, à racine jaunâtre; les radis *rose*, *blanc*, *jaune*, *noir*. — Les navets ne servent pas seulement à la nourriture de l'homme, on les donne aussi aux bestiaux.

10. Les oignons.—Les variétés d'oignons les plus cultivées dans le jardin potager sont, en première ligne, le *jaune*, puis le *rouge pâle* ou *violet*, et le *blanc*. Ce dernier est principalement consommé à l'état frais. — On sème les oignons en février pour les récolter en septembre, ou bien on les sème en septembre, en pépinière, pour les transplanter en mars. — L'oignon est plutòt un assaisonnement qu'un aliment.

Le *poireau*, la *ciboule*, l'*ail* et l'*échalote* ont des usages analogues, et se cultivent de même.

Questionnaire.

1. Comment divise-t-on les légumes du jardin ?

2. Quels sont les légumes à graines comestibles ?

3. Parlez des haricots.

4. — des fèves.

5. — des pois.

6. — des lentilles. — de leurs variétés et de leur emploi.

7. Quels sont les légumes à racine tuberculeuse et bulbeuse ?

8. Parlez de la carotte, du panais, du salsifis, de la scorsonère.

9. Parlez du navet, du radis, de leurs variétés et de leur emploi.

10. Parlez de l'oignon, de ses variétés, de sa culture.

CHAPITRE XXIII.

Légumes à tiges ou feuilles comestibles : choux, céleri, asperge, laitue, etc. — Plantes potagères à fruits comestibles : melons, concombres, fraisiers, etc.

1. Légumes à tiges et à feuilles comestibles. — Les principaux *légumes herbacés* ou à *tiges, feuilles, racines* ou *têtes comestibles*, sont : les *choux*, le *céleri*, la *bette*, l'*artichaut*, l'*asperge*, l'*épinard*, l'*oseille*; quelques espèces sont plus particulièrement employées en salade, telles que la *laitue*, la *chicorée*, l'*escarole*, la *mâche*, et d'autres, à titre d'assaisonnement, comme le *cerfeuil*, le *persil*.

2. Les *choux*, dont les feuilles fournissent le plus nourrissant et le plus important des légumes potagers, se cultivent aussi dans les champs. — On en connaît plusieurs variétés : les *choux pommés*, à feuilles lisses et à tête ronde, tels que le

gros chou blanc, avec lequel on fait la chou-
croute; le *chou vert*, le *chou rouge*, etc. —
Les *choux frisés*, tels que le *chou de Milan*,
qui résistent aux gelées, et qu'on peut
conserver en pleine terre pendant l'hiver;
— les *choux-fleurs*, dont on mange la tête;
— les *choux-raves*, qui offrent la forme
du navet et dont on mange le collet de la
racine. — Les différentes variétés de choux
se sèment généralement au printemps, pour
être repiqués dans le courant de l'été et
arrachés en automne. — Ceux qu'on plante
en automne n'exigent aucune façon avant
le printemps. — Pour conserver les choux
pendant l'hiver, on les met en jauge, et on
les recouvre, s'il le faut, avec de la litière.
— Ce légume et particulièrement les
feuilles du chou vert, nommé *chou cava-
lier*, peuvent se donner aux bestiaux.

3. Il y a deux espèces de *céleri* : le *céleri commun*, dont on mange la tige, et le
céleri rave, dont on préfère la racine plus
tendre et plus grosse que celle de l'es-

pèce précédente. — Dans la *bette* ou *por-rée* on mange principalement la nervure moyenne des feuilles; — dans l'*artichaut*, le réceptacle et la base des feuilles ou écailles disposées en pommes à l'extrémité des tiges; — dans l'*asperge*, le bourgeon ou *turion* de la jeune tige avant son développement, et lorsqu'elle se montre à quelques centimètres au-dessus du sol; — dans l'*épinard* et l'*oseille*, les feuilles. — Ces légumes, qui nourrissent peu et dont quelques-uns (l'artichaut, l'asperge notamment) réclament des soins multipliés, apparaissent rarement dans le jardin de la ferme.

4. Il y a deux variétés principales de *laitues :* la *laitue pommée*, à forme arrondie, et la *laitue romaine*, à forme allongée. Elles se sèment au printemps pour en avoir tout l'été, ou en été pour les repiquer en automne, et en manger les feuilles au commencement de l'hiver. — Il y a aussi deux variétés préférées de *chicorées :* la chicorée *blanche* ou *frisée*, et la *verte* ou *endive*. On fait blanchir leurs feuilles en les privant d'air. De même que *l'escarole*, elles se sèment au printemps et se repiquent en été. — La *mâche* ou *doucette* se sème à la fin de l'automne et se mange à la fin de l'hiver.

Le *cerfeuil* et le *persil* se sèment depuis le printemps jusqu'à la fin de septembre, pour s'en servir tous les jours.

5. Plantes potagères à fruits comestibles. —Les principales plantes potagères à fruits comestibles sont : les *melons* et les *tomates*, que l'on cultive sur couches ; — les *concombres*, que l'on mange en salade, ou cueillis jeunes et confits dans le vinaigre sous le nom de *cornichons* ; — les *fraisiers*, dont il existe plusieurs variétés que l'on cultive en planches ou en bordures.

On peut encore ranger dans cette classe quelques arbustes qui exigent peu de soins, comme les *groseilliers*, les *cassis*, les *framboisiers*, dont les fruits, bons à manger à l'état naturel, servent aussi à faire des confitures, des sirops, etc.

Questionnaire.

1. Quels sont les principaux légumes herbacés?

2. Parlez des choux, de leurs variétés, de leur culture, de leur emploi.

3. Parlez du céleri, de la bette, de l'artichaut, de l'asperge, de l'épinard et de l'oseille.

4. Parlez de la laitue, de la chicorée, de la mâche, — du cerfeuil et du persil.

5. Quelles sont les principales plantes potagères à fruits comestibles?

CHAPITRE XXIV.

Le verger. — Reproduction des arbres fruitiers. — Bouture et marcotte. — Greffe : ses différentes sortes.

1. Le verger. — *Le verger* est le terrain que l'on consacre spécialement à la culture des arbres fruitiers. — Ces arbres se reproduisent par *bouture* ou *marcotte*, par la *greffe* et par les *graines* (pepins et noyaux).

2. Bouture et marcotte. — Une *bouture* est une branche qu'on détache d'un végétal pour la planter en terre et lui faire prendre racine. — La *marcotte* en diffère en ce que la branche à laquelle on fait prendre racine en la couchant en terre tient encore à la tige. — Ces procédés, qui ne s'appliquent qu'à un certain nombre de plantes, sont d'un emploi assez rare dans la culture des arbres fruitiers.

3. Greffe. — La *greffe,* qui est le mode de reproduction artificielle le plus employé, consiste à appliquer sur la tige d'une plante une branche ou un bourgeon détaché d'une autre plante, de manière à ce qu'ils s'unissent entre eux et ne fassent plus qu'un même végétal [1].

4. Cette opération s'applique surtout avec avantage aux arbres fruitiers. Elle a pour résultat de faire produire au sujet greffé des fruits de la qualité propre à la greffe. — Sans elle les arbres venus par

1. Le mot *greffe* ou *scion* s'applique aussi au petit rameau inséré sur le *sujet* ou plante à greffer, et muni d'un ou deux bourgeons.

3.

semis de pepins ne produiraient que de mauvais fruits.

Une condition nécessaire au succès de la greffe, c'est que le sujet que l'on greffe soit de la même espèce ou du moins d'une espèce voisine du rameau greffé. Ainsi on ne pourrait, par exemple, greffer un pommier sur un poirier.

5. Il y a plusieurs genres de greffe. Les principales sont : la greffe en *fente*, en *couronne*, en *écusson*, et par *approche*.

6. La greffe en *fente* se pratique en insérant un rameau muni de deux bourgeons et taillé inférieurement en lame de couteau, dans une fente pratiquée sur la tige du sujet, coupée horizontalement à la hauteur désirée.

Cette greffe doit se faire à l'ascension de la séve du printemps, par un temps doux, avec un rameau de l'année précédente ou de la dernière pousse coupée pendant l'hiver.

7. Dans la greffe en *couronne* (*fig.* 6), on

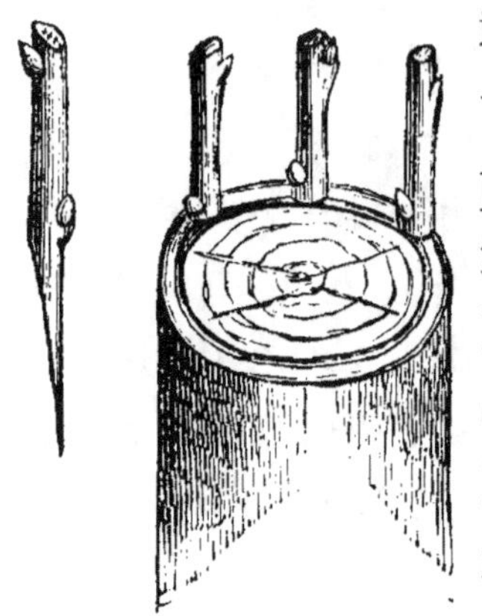

Fig. 6.—Greffe en couronne.

introduit autour de la tige coupée plusieurs petits rameaux qu'on insère entre l'écorce et le bois. — Cette greffe est surtout utile pour les grosses tiges ou pour rajeunir les vieux arbres épuisés.

Les plaies résultant de ces deux espèces de greffe sont préservées du contact de l'air à l'aide d'un mastic nommé *cire à greffer*, ou d'un mélange d'argile et de fiente de vache, que les jardiniers appellent onguent de Saint-Fiacre.

8. La greffe en *écusson*, la plus usitée, consiste à appliquer une plaque d'écorce munie d'un œil sur le bois du sujet, dont on a préalablement fendu en T et soulevé l'écorce. — On entoure le tout avec de la laine ou des roseaux légèrement serrés, de manière à ce que l'écusson s'applique exactement sur le bois du sujet sans laisser de vide. — On prend cet écusson sur des pousses de l'année; on le détache seulement au moment de s'en servir.

9. La greffe par *approche*, principalement usitée pour les plantes délicates, comme la vigne, le mûrier, le figuier, consiste à pratiquer sur deux plantes contiguës deux entailles de même étendue qu'on met en contact de manière à ce qu'elles se soudent entre elles, les deux plantes étant solidement maintenues à l'aide d'une ligature. — On peut de cette manière transporter la tête d'une plante sur la tige d'une autre.

Questionnaire.

1. Qu'est-ce que le verger?

2. Qu'est-ce qu'une bouture? — une marcotte?

3. Qu'est-ce que la greffe?

4. A quels arbres s'applique-t-elle avec le plus d'avantages? — Quelle est la condition nécessaire au succès de la greffe?

5. Y a-t-il plusieurs genres de greffe?

6. Comment se pratique la greffe en fente?

7. — la greffe en cou-

| ronne ? — Comment traite-t-on les plaies qui résultent de ces deux espèces de greffe ? | 8. En quoi consiste la greffe en écusson ?
9. — la greffe par approche ? |

CHAPITRE XXV.

Semis des arbres fruitiers. — Leur transplantation. — Leur taille. — Principaux arbres fruitiers.

1. Semis des arbres fruitiers. — L'emplacement sur lequel on sème les graines ou pepins se nomme *pépinière*. — Avant de semer en pépinière des pepins ou des noyaux d'arbres fruitiers, il faut d'abord défoncer le sol, puis le fumer et le livrer pendant un an à une autre culture. — L'année suivante on sème en lignes ou dans des planches disposées comme celles du potager.

2. Transplantation. — Lorsqu'ils ont atteint un an, les jeunes arbres nés de semis, ou sauvageons, sont arrachés et transplantés à la chute des feuilles, pour acquérir la force qu'ils doivent avoir avant d'être greffés. — On peut aussi transplanter au printemps dans les terres humides et compactes. — Il est bon de creuser plusieurs mois à l'avance, s'il est possible, les trous où l'on doit planter les arbres, pour que la terre s'améliore au contact de l'air. — On recommande de ne pas donner à ces trous moins d'un mètre en tous sens, et de remplir le fond avec un lit de bonne terre au moment de l'opération.

3. Le *rhabillage* consiste à raccourcir les branches, et à couper le bout des racines meurtries dans l'arrachage des arbres que l'on transplante. — On dit que l'arbre est *orienté* quand on lui donne dans le trou la direction qu'il offrait précédemment par rapport aux points cardinaux, c'est-à-dire que le côté qui regardait le nord ou le midi y répond encore [1].

4. On donne le nom de *plein-vents* aux arbres fruitiers qu'on abandonne à eux-

1. On peut se guider sur l'écorce, qui est plus rugueuse du côté où l'arbre regardait le nord.

mêmes, après les avoir plantés à intervalle suffisant pour qu'ils ne se gênent pas en grossissant; — et le nom d'*espaliers* aux arbres qu'on plante devant un mur sur lequel on dirige leurs branches pour les faire profiter de la chaleur que ce mur renvoie.

5. Taille. — Pour tirer des arbres fruitiers, et notamment de ceux que l'on plante en espaliers, tout le parti possible, il faut les soumettre à la *taille*. C'est une opération qui consiste à retrancher en partie leurs branches, afin de leur donner une forme plus favorable à la production des fruits, pyramides, palmettes ou éventails, etc. [1].

6. Principaux arbres fruitiers. — Les arbres fruitiers sont : le *pommier* et le *poirier*, qui viennent dans toutes les terres, quoique le poirier préfère les sols calcaires

1. Nous avons dû nous borner à indiquer ici le principe sur lequel repose l'opération de la taille, car c'est un art très-compliqué, et dont les nombreux procédés ne peuvent être compris qu'en les voyant pratiquer, et en lisant les traités publiés sur ce sujet.

et qu'il craigne l'humidité : l'un et l'autre se cultivent en plein-vents ou en espaliers ; — le *prunier* et le *cerisier*, qui réussissent également dans tous les terrains ; — l'*abricotier* et le *pêcher*, plus délicats et redoutant les gelées, le plus souvent cultivés en espaliers ; — le *figuier* et l'*amandier*, qui ne réussissent bien que dans le Midi [1].

Questionnaire.

1. Qu'appelle-t-on pépinières ? — Quels soins exige le semis en pépinière des arbres fruitiers ?

2. Que fait-on des jeunes arbres nés de semis ? — Quels soins exige la transplantation ?

3. En quoi consiste le rhabillage ? — Quand dit-on que l'arbre est orienté ?

4. Qu'appelle-t-on plein-vents ? — espaliers ?

5. En quoi consiste la taille ?

6. Quels sont les principaux arbres fruitiers ?

[1]. Outre les usages alimentaires qu'ils partagent avec les autres fruits, le *pommier* sert à fabriquer le cidre, l'*amandier* fournit l'huile d'amandes douces, etc. (Voyez, pour ces différents usages, la *Petite Histoire naturelle des Écoles*.)

9.

CHAPITRE XXVI.

Plantes industrielles. — Plantes oléagineuses. — Plantes médicinales. — Plantes aromatiques. — Plantes textiles. — Plantes tinctoriales.

1. Les plantes *industrielles* ou *commerciales*, c'est-à-dire que l'on cultive, soit dans les champs, soit dans les jardins, en vue des matières premières ou des produits qu'elles fournissent à l'industrie, et du gain que l'on en retire en les livrant au commerce, se classent en plantes *oléagineuses, aromatiques, médicinales, textiles, tinctoriales.* — On peut encore y rapporter quelques espèces offrant des usages divers, telles que la *vigne*, l'*olivier*, le *houblon*, le *mûrier*, le *tabac*[1].

1. On se rappellera qu'il est aussi parmi les espèces dont nous nous sommes déjà occupé à titre de plantes alimentaires ou fourragères, quelques espèces qui fournissent des produits à l'industrie : telles sont notamment la *betterave*, d'où l'on tire le sucre ; la *pomme de terre*, qui fournit la fécule, etc.

2. Plantes oléagineuses. — Ce sont celles dont on tire des huiles employées dans l'alimentation ou dans les arts. Les principales plantes oléagineuses sont : le *colza*, la *navette*, la *cameline*, le *pavot*, le *lin*.

3. Le *colza* est une espèce de chou sauvage que l'on cultive principalement pour ses graines, qui donnent une huile bonne à brûler. Il fournit aussi une bonne paille. — Il y a deux variétés de colza : l'une d'*hiver*, qu'on sème en juillet et qu'on récolte l'année suivante vers la même époque; l'autre de *printemps*, qui se récolte dans la même année, mais est moins productive. — Le colza demande un sol ameubli et bien fumé. Il résiste mal aux froids humides. — On le sème à la volée, en place ou en ligne. Cette dernière méthode, la plus avantageuse, n'exige que 6 à 8 litres de semence par hectare.

4. La *navette*, qui offre aussi deux variétés, l'une d'hiver, l'autre de printemps, se cultive comme le colza et fournit les mêmes produits, mais en moindre quantité.

La *cameline*, qui réussit dans toutes les terres et ne craint que la sécheresse, donne une huile siccative principalement employée en peinture. — On fait des balais avec ses tiges.

5. Les graines du *pavot* fournissent aussi une huile comestible de bonne qualité, et qu'on emploie également en peinture : c'est ce qu'on appelle *huile d'œillette*. — **Les** capsules ou têtes de pavot contiennent, en outre, un suc résineux qu'on emploie en médecine comme calmant[1]. — **Le** pavot ne prospère que dans de bonnes terres, fortement fumées. On le sème à la volée en février et on le récolte en août. — On en cultive deux variétés : l'une grise, préférée

1. C'est l'opium indigène. L'opium proprement dit, qui a une action beaucoup plus forte, s'extrait du pavot blanc cultivé en Orient, d'où il nous arrive par la voie du commerce.

pour son huile ; l'autre blanche, pour les usages médicaux.

Les graines du *lin*, celles du *chanvre*, plantes textiles dont nous aurons à parler tout à l'heure, fournissent aussi une huile employéeen peinture.

6. Plantes aromatiques. — Ce sont celles dont on tire des aromes ou essences employées par les parfumeurs, les confiseurs, etc. On peut les cultiver comme plantes d'agrément, ou pour en faire un objet de commerce. — Les espèces les plus connues sont : l'*angélique*, dont on confit la tige ; l'*anis*, dont on emploie la graine pour parfumer les liqueurs, etc. ; le *réséda*, le *lis*, la *lavande*, le *jasmin*[1] ; différentes variétés de *roses*, dont on extrait des huiles essentielles employées surtout comme parfums ; la *violette*, la *menthe*,

---

1. Le *jasmin*, de même que l'*oranger* et la *bergamote* (variété du même genre), ne viennent en pleine terre que dans le Midi ; ce n'est que là, par conséquent, qu'on peut en faire un objet d'industrie.

qui comptent aussi parmi les plantes médicinales.

7. Plantes médicinales. — Ce sont celles que l'on emploie dans le traitement de nos diverses maladies. — La culture de ces plantes est généralement négligée dans les campagnes ; cependant il serait avantageux de consacrer au moins un carreau de jardin (soit pour en faire usage en cas de maladie, soit même pour les vendre) aux espèces les plus usitées, telles que la *mauve,* la *guimauve,* le *bouillon blanc,* la *bourrache,* le *sureau,* la *camomille,* la *sauge,* la *violette,* la *réglisse,* la *mélisse,* la *menthe* [1].

8. Plantes textiles. — Ce sont celles qui fournissent la filasse dont on fait des toiles employées comme vêtements, linge de corps, etc.; tels sont le *chanvre* et le *lin* [2].

---

1. Voyez, pour les propriétés de ces plantes et l'usage à en faire, la *Petite Hygiène* et la *Petite Histoire Naturelle des Écoles.*

2. Nous ne traitons pas ici du *cotonnier,* cette plante n'étant pas cultivée en Europe. Chacun connaît l'emploi que l'on fait de l'espèce de bourre

Il y a deux variétés principales de chanvre : le *chanvre commun* et celui du Piémont ou *chanvre géant,* dont les tiges sont plus grosses et plus longues. — Le chanvre demande une terre profonde, bien ameublie et fortement fumée. Sa culture peut se renouveler plusieurs années consécutives dans le même terrain ou *chènevière.* — On le sème en mai, à la volée. Il faut de 6 à 7 hectolitres de semence par hectare.

9. La récolte du chanvre se fait après la floraison, en août pour les pieds mâles ou sans graines, en septembre pour les pieds femelles. — Les tiges arrachées sont exposées à la rosée, ou préférablement plongées dans l'eau pendant six à huit jours, pour en séparer plus facilement les fibres qui doivent former la filasse dont on fabrique des toiles ou des cordages : c'est l'opération qu'on nomme *rouissage.* Elle doit se faire loin des habitations, en raison des émana-

qui existe dans ses gousses, pour la fabrication des étoffes dites *colonnades.*

tions insalubres qu'elle répand dans l'air environnant.—Le rouissage terminé, la filasse est séchée, ensuite broyée à l'aide d'un instrument particulier, puis enfin peignée.

10. Le *lin* a les mèmes usages que le chanvre ; il est soumis à la même culture, et sa filasse se prépare de même. — Outre l'huile qu'on retire de sa graine, on en fait aussi une farine très-employée dans les cataplasmes, qu'on applique sur les parties douloureuses.

11. **Plantes tinctoriales.** — Ce sont celles qui fournissent des couleurs qu'on emploie dans l'art de la teinture.

La seule espèce dont la culture ait de l'importance en France est la *garance*, dont la racine fournit une couleur rouge employée à teindre les pantalons de notre armée. — La garance demande un sol profond, bien fumé, et beaucoup de façons. — On ne la récolte qu'au bout de trois ans. — On la cultive aux environs d'Avignon, en Alsace, etc.

Les autres plantes tinctoriales qui croissent en France y sont peu cultivées de nos jours, parce que les couleurs qu'on en tire nous arrivent à bas prix de l'étranger, ou parce qu'elles sont remplacées par des produits chimiques. Ce sont : le *pastel*, qui fournit une couleur bleue; la *gaude* et le *safran*, une couleur jaune.

Questionnaire.

1. Qu'appelle-t-on plantes industrielles ou commerciales?

2. Qu'est-ce que les plantes oléagineuses?— Nommez les principales.

3. Parlez du colza, de son emploi, de ses variétés, de sa culture.

4. Parlez de la navette, de la cameline.

5. Parlez des usages du pavot, de sa culture, de ses variétés.

6. Qu'est-ce que les plantes aromatiques ? leur usage ?

7. Qu'est-ce que les plantes médicinales? — Citez les principales espèces qu'on peut cultiver.

8. Qu'est-ce que les plantes textiles? — Parlez du chanvre, de ses variétés, de sa culture.

9. Parlez de la récolte du chanvre et des soins qu'elle exige.

10. Parlez du lin et de son utilité.

11. Qu'est-ce que les plantes tinctoriales ? — Parlez de la garance; — du pastel; — de la gaude et du safran.

CHAPITRE XXVII.

Plantes usuelles diverses. — La vigne. — L'olivier. — Le houblon. — Le mûrier. — Le tabac. — Espèces diverses.

1. Les plantes usuelles, qu'on ne peut rapporter à aucune des classes précédentes, parce qu'elles fournissent des produits d'une nature très-différente et très-variée, sont l'objet d'une culture particulière dont il faut chercher les détails dans les livres qui en traitent d'une manière expresse. Nous nous tiendrons donc ici aux généralités les plus importantes qui les concernent.

Les principales de ces plantes sont : la *vigne*, l'*olivier*, le *houblon*, le *mûrier*, le *tabac*.

2. **La vigne.** — La *vigne*, cette plante grimpante ou sarmenteuse qui produit le raisin avec lequel on fait le vin, offre un grand nombre de variétés ou *cépages*, d'où

la diversité qu'on trouve dans les vins. —
Sa tige se nomme *cep;* ses branches s'appellent *sarments;* les plantations étendues
de vignes constituent des *vignobles.* —
— Tantôt la vigne est attachée à des arbres
ou à de grands tuteurs (échalas), tantôt on
ne lui laisse qu'un demi-mètre à un mètre
de hauteur, 4 à 5 décimètres seulement
dans les vignes basses. Celles-ci, profitant
mieux de la chaleur du sol, sont préférables dans les climats tempérés.

3. La vigne se plaît dans les terrains calcaires, secs et chauds, en pente et exposés
au soleil. Elle réussit aussi dans les terrains
sablonneux ou granitiques à fond perméable. — On la plante de janvier à avril
dans un sol bien ameubli; sa culture
exige beaucoup de façons. — On la multiplie ou on la rajeunit par bouture, marcotte ou provignage (ce qui est une espèce
de marcotte[1]), rarement par la greffe ou le

1. Le provignage se fait en couchant les vieux
ceps dans des trous d'où on ne laisse sortir que

semis. — On la plante en lignes, pour pouvoir biner et sarcler facilement avant la floraison, et la débarrasser des mauvaises herbes qui lui seraient très-nuisibles; et on la taille suivant sa force, court quand les ceps sont faibles, long quand ils sont vigoureux. Cette opération a beaucoup d'influence sur la quantité des produits.

4. On doit récolter par un beau temps et quand le raisin est bien mûr. — La vendange faite, on enlève les échalas et l'on ébarbe, c'est-à-dire que l'on coupe l'extrémité des sarments.

5. **L'olivier.** — L'*olivier*, dont les fruits ou baies fournissent l'huile comestible la plus estimée, se multiplie par semis, par la greffe et par drageons (rejetons enracinés). — On le plante en lignes, à l'automne; il fleurit en avril; le fruit est mûr en novembre. — Cet arbuste très-sensible à la gelée,

deux ou trois sarments vigoureux, que l'on raccourcit en leur laissant deux à trois bourgeons au-dessus de la terre.

ne pousse que dans nos départements méridionaux.

6. Le houblon. — Le *houblon* est une espèce grimpante que l'on cultive pour son
fruit ou *cône*, qui sert à aromatiser la bière.
— Le houblon se plante au printemps ou à
l'automne. On le soutient à l'aide de longues perches. — Les houblonnières demandent un sol riche et profond. — Après la
cueillette, qui se fait en septembre, le fruit
est séché dans des greniers.

7. Le mûrier. — Le *mûrier* est un arbuste
dont on cultive deux variétés : le mûrier
noir, pour son fruit, et le mûrier *blanc*, pour
ses feuilles, qui servent à nourrir les vers
à soie. — Cet arbre se multiplie par graines,
par boutures et par marcottes, dans les
terres sèches et légères préférablement.—Le
mûrier blanc vient bien dans le Dauphiné
et dans quelques départements du Midi.

8. Le tabac. — Le *tabac* est une plante
herbacée que l'on cultive pour ses feuilles,
dont on se sert, après les avoir fait sécher,

pour fumer ou pour priser. — Ce végétal se sème en mars, à la volée ou en lignes, dans une terre à blé bien ameublie et bien fumée. On le transplante en juin. Sa culture réclame de nombreuses façons. — On récolte le tabac dans la seconde quinzaine de septembre. Un hectare peut donner jusqu'à 5,000 kilogrammes de feuilles.

9. Espèces diverses. — On peut rattacher encore à cette classe de plantes la *cardère* ou *chardon à foulon*, qu'on emploie dans les fabriques de drap et de bonneterie ; — la *chicorée*, dont la racine, réduite en poudre, se vend sous le nom de *café de chicorée ;* — le *sorgho*, céréale voisine du millet et dont il existe deux variétés : le *sorgho à balais* et le *sorgho à sucre*, plante de Chine récemment introduite en France, et qu'on emploie dans la fabrication du sucre et de l'alcool.

10. Il est quelques arbres qui, sans faire essentiellement partie du jardin agricole, ni de la culture des champs, peuvent trouver leur place dans le voisinage de la ferme, ou sur le bord des chemins qui y conduisent. Tels sont, pour ne citer que les plus intéressants et les plus répandus, le *noyer* et le *châtaignier*. — Le *noyer*, outre l'utilité dont il est dans l'ébénisterie, fournit ses noix, aliment sain et agréable, dont on retire une huile particulièrement employée en peinture, parce qu'elle a la propriété de sécher assez promptement à l'air. — Le *châtaignier* est cultivé dans plusieurs parties de la France, non-seulement pour l'excellent bois de construction qu'il donne, mais aussi pour ses fruits que l'on vend sous le nom de *châtaignes* et de *marrons de Lyon*.

Questionnaire.

1. Quelles sont les plantes industrielles dont il nous reste à parler?

2. Parlez de la vigne. — de la manière de la planter.

3. Dans quels terrains se plaît-elle? — Quels soins réclame sa culture?

4. Qu'y a-t-il à faire à l'époque de la récolte?

5. Parlez de la culture

et de l'emploi de l'olivier.

6. — du houblon.

7. — du mûrier.

8. — du tabac.

9. Quelles espèces diverses peut-on encore citer? — A quoi sert la cardère? — la chicorée? — le sorgho?

10. N'est-il pas quelques arbres que l'on peut planter dans le voisinage de la ferme? Citez les plus intéressants?

FIN.

TABLE DES MATIÈRES.

Introduction.

Première Partie : la Ferme.

Deuxième Partie : le Sol.

Troisième Partie : Culture spéciale des plantes agricoles.

FIN.